TEMA 36

LAS PLANTAS I. BRIOFITOS. GÉNEROS COMUNES E IMPORTANCIA ECOLÓGICA. EL PASO A LA VASCULARIDAD: LICOPODIOS, EQUISETOS Y HELECHOS. LA ADQUISICIÓN DE SEMILLAS: CICADÓFITOS Y GINKÓFITOS.

0. INTRODUCCIÓN

En este tema, dedicado a las plantas inferiores, vamos a tratar los grupos más primitivos del reino de las plantas. Estos incluyen a los briófitos, los equisetos y helechos y algunos grupos de las gimnospermas o plantas sin flor.

Aquí se incluyen varios grupos que incluye, a su vez, una gran cantidad e información, Aunque sean grupos poco evolucionados, incluyen una gran cantidad de aspectos morfológicos y formas de vida adaptadas a la gran diversidad de ambientes donde viven. Por esta razón, intentaremos hacer un resumen de los aspectos más generales, excusando la posible falta de profundización que podría ser interesante en muchos de ellos.

Conocer y entender estos grupos nos ayuda también a ser más respetuosos con el medio y también, por qué no, a ayudar a otros a que los conozcan y respeten.

Para la exposición de este tema seguiré el siguiente orden... (es muy conveniente exponer con claridad, aquí al principio, el orden que se va a seguir, leer el índice de una forma ágil)

1. CARACTERÍSTICAS GENERALES DE LAS PLANTAS

El reino de las plantas está compuesto por organismos pluricelulares, con verdaderos tejidos, autótrofos fotosintéticos y con fase embrionaria, como características más relevantes.

Las plantas colonizaron tierra firme hace unos 500 millones, en unos ambientes donde ya existían protistas, bacterias, líquenes y hongos. Este nuevo ambiente les aportó una serie de ventajas, como es la facilidad de recursos como la luz, pero también algunos problemas que tuvieron que resolver. Entre ellos estaba el tema de la densidad: en el agua, un medio denso, no eran necesarias grandes estructuras para sobrevivir; en cambio, en el medio aéreo la densidad no ayudaba al transporte y, por consiguiente, se necesitaba unas ciertas estructuras para obtener los nutrientes del suelo y soportar las hojas que se encargaban de la fotosíntesis.

Surgen dos soluciones para remediar este problema, que se asocian a dos niveles de organización distintos:

- **Nivel telofítico**. Está representado por los briófitos, y es un sistema de organización similar al de las algas y hongos. Consiste en la formación de un **talo**, que es un cuerpo vegetativo en forma, generalmente, de lámina, no diferenciado en un eje vascular. El talo puede ser laminar o filamentoso, y los organismos que lo presentan suelen ser *poiquilohidros*, sea, que no regulan la cantidad de agua que hay en su organismo.

- **Nivel cormofítico**. Representado por los helechos y los espermatofitos. Consiste en la formación de un **cormo**, que es una estructura en la que se diferencia un eje vascular compuesto por raíz, tallo y hojas. Los organismos que lo presentan son *homeohidros*.

A lo largo de la historia, las plantas se han ido especializando a ambientes con características muy diversas, adoptando en algunos casos, modos de vida muy peculiares. Así, encontramos especies fotosintéticas (la mayoría), pero también parásitas (con poca o sin clorofila), insectívoras, simbiontes, etc.

2. LOS BRIÓFITOS, GÉNEROS COMUNES E IMPORTANCIA ECOLÓGICA

Los briófitos son las plantas superiores más simples en cuanto a estructuras y modos de vida. No obstante, están adaptados a vivir en ambientes con unas condiciones de humedad e iluminación muy particulares.

Vamos a ver, en primer lugar, sus características principales y, a continuación, los géneros más comunes en nuestras latitudes y la importancia ecológica que tienen.

2.1. Características generales de los briófitos

Los briófitos son plantas terrestres, fotosintéticas. Poseen clorofilas a y b, celulosa y carotenos. No presentan epidermis especializada, por lo que presentan una gran transpiración y, por ello, necesitan vivir en ambientes muy húmedos. A esta incapacidad de regular la cantidad de agua interna se le llama poiquilohidria.

Este grupo incluye a **musgos**, **hepáticas** y **antoceros**. Su origen se remonta al Devónico superior, hace unos 400 millones de años, procedentes de algún tipo de alga clorofícea.

2.1.1. Morfología

En cuanto a la morfología, los briófitos constan de de dos partes: **gametófito** y **esporófito**.

El gametófito es haploide y forma la estructura permanente de los briófitos; puede formar talos, como en los antoceros y hepáticas, o bien ser folioso, como en los musgos y algunas especies de hepáticas. Ambos poseen rizoides que tienen la función de anclaje, más que la de absorción. Ésta se realiza directamente a través de la cutícula. Los foliosos, además, poseen una especie de tallo, llamado **caulidio**, y que actúa de soporte. Sobre éste se anclan los **filidios**, que son unas estructuras aplanadas formadas por una sola capa de células, con o sin nervio. En ellos se realiza la fotosíntesis, actuándo a modo de hojas. Las especies que presentan filidios con nerviación suelen ser las más complejas.

El esporófito es diploide y solamente aparece en los periodos de reproducción. Se forma tras la fecundación y formación del embrión, y de él saldrán esporas haploides que darán lugar a nuevos gametófitos, como veremos más adelante. En los briófitos talosos, el esporófito sale directamente sobre la superficie del talo. En cambio en los filosos, puede salir bien a mitad del caulidio, llamándose entonces **musgos pleurocárpicos**, bien en la punta de éste, y se llaman **musgos acrocárpicos**.

2.1.2. Reproducción

La reproducción de los briófitos puede ser sexual o asexual. La asexual se realiza por medio de **propágulos**, que son una especie de masas celulares de diferentes tipos y formas que se albergan en unas estructuras especiales llamadas **conceptáculos**, y que son liberadas para dar lugar a un nuevo individuo.

La reproducción sexual tiene lugar en unas estructuras especiales llamadas **anteridios**, que albergan las células reproductoras masculinas, y **arquegonios**, que albergan las femeninas. Las células reproductoras masculinas son biflageladas, y viajan por medio del agua hasta los arquegonios, donde se halla la **oosfera** (la célula reproductora femenina) que será fecundada. Tras la fecundación se forma el cigoto y, a continuación, el esporófito, no existiendo un periodo de reposo entre medio como pasa en grupos superiores.

Generalmente, en las hepáticas el esporófito suele ser efímero, y sólo lo encontramos durante la época de reproducción. En cambio, en los musgos suele permanecer más tiempo, aunque también tiende a degenerarse y desaparecer una vez se han liberado las esporas.

2.1.3. Sistemática

Dentro de los briófitos se distinguen tres grandes clases:

- **Clase antoceros**. Se trata de un grupo de briófitos muy poco común y muy primitivo. Tienen rizoides unicelulares, un cloroplasto por célula y un esporófito filiforme simple. En ocasiones se asocia a algas unicelulares formando una simbiosis.

- **Clase hepáticas (Marchantiatae)**. Este grupo es más común que el anterior. Lo encontramos, sobre todo en ambientes muy húmedos. El gametófito puede presentar forma de talo, o bien, ser folioso. Esta característica sirve para distinguir dos grandes subclases dentro de las hepáticas.

- **Clase musgos (Bryatae)**. Estos son los briófitos típicos que conocemos y los más corrientes de encontrar en el campo. El gametófito es folioso, con filidios, rizoides compuestos y caulidio y filidios muy desarrollados y complejos. Además, pueden existir especies monoicas y dioicas.

2.2. Géneros comunes

Generalmente, los musgos no se suelen conocer por su nombre científico, como tantas otras especies, pero, aún menos, no se suelen conocer, entre los lugareños, los nombres comunes de las especies de este grupo, a excepción de algunas pocas que pueden ser utilizadas para determinados usos. Esto se debe, en parte, a la poca utilidad que se les suele dar a los musgos y, por ello, simplemente se les llama "musgos", y muchas veces se incluye aquí tanto a los musgos, como a las hepáticas y los antoceros. En determinadas regiones pueden tener usos concretos y, entonces, llegan a tener nombres vulgares más o menos conocidos.

Por estas razones, vamos a exponer a continuación una serie de nombres de briófitos que son los nombres científicos, que no por no ser conocidos dejan de ser abundantes sino, al contrario, todos estos géneros los podemos encontrar con frecuencia en nuestros campos y bosques. Los clasificaremos por órdenes para facilitar su comprensión, y los nombres que ponemos se refieren al género simplemente:

- Orden Bryales: *Bryum*.

- O. Fissidentales: *Fissidens*.

- O. Grimmiales: *Grimmia*, vive en zonas de alta montaña, donde el frío y el viento abundan.

- O. Hypnales: *Hypnum* y *Scleropodium*; estos dos son los típicos musgos que se utilizan en la construcción de belenes.

- O. Politricales: *Poytricum*.

- O. Pottiales: *Tortula* y *Pleurochaete*.

- O. Sphagnales: *Sphagnum*; este musgos se suele encontrar en zonas frías, de montaña más bien alta, en lugares encharcados; donde crece crea un ambiente ácido que evita la descomposición de la materia orgánica, dando lugar a la *turba*.

Los tres órdenes que siguen son de hepáticas:

- O. Jungermanniales: *Frullania*, *Porella* y *Radula*; estas tres hepáticas tienen gametófito filiforme, por lo que podrían fácilmente pasar por un especies de musgos.

- O. Marcantiales: *Lunularia*, *Marchantia* y *Conocephalum*; estos tienen las formas típicas de las hepáticas, con un gametófito taloso.

- O. Metgeriales: *Metzgeria* y *Pellia*; estos es frecuentes encontrarlos creciendo sobre troncos de árboles, en bosques con mucha humedad.

2.3. Importancia ecológica de los briófitos

Los briófitos constituyen un grupo de organismos que, si bien con características muy simples y adaptados a ambientes muy concretos, tienen una gran importancia ecológica. Suelen vivir en zonas con gran humedad, y en éstas, su diversidad se dispara. Veamos algunas de las características ecológicas más relevantes que poseen:

- Intervienen en la regulación del equilibrio hídrico de los lugares donde viven, pues tienen una gran capacidad de retención de agua.

- Constituyen una flora permanente, pues resisten la desecación, volviendo a resurgir rápidamente en la época de lluvias; esto les permite aguantar bien los extremos de temperatura en verano.

- Pueden vivir en cuevas, en zonas más o menos profundas, pues necesitan poca luz para sobrevivir.

- Son especies que aguantan bien gran variedad de pH, lo que les hará resistentes frente a determinados tipos de contaminación.

- Algunas especies (g. *Sphanum*) forman la *turba*, y otra forma *tobas*, si viven cerca de corrientes de aguas calcáreas.

- Generan microclimas en las turberas, en las corrientes de agua... que permite la supervivencia de otros organismos.

- Muchas veces son organismos pioneros en la conquista de nuevos ambientes.

- Previenen la erosión del suelo, sobre todo en épocas secas donde muchas otras especies de plantas han desaparecido.

3. EL PASO A LA VASCULARIDAD

Llega un momento en la evolución de las plantas en que hace su aparición el cormo. El **cormo** es una estructura, como hemos visto antes, que está formada por una **raíz** en la base, un **tallo** en la parte central, y unas **hojas** sobre el tallo. Este sistema ha permitido a las plantas la **homeohidria** y, como consecuencia, la conquista del medio terrestre.

Los cormófitos, o plantas con cormo tienen, además de estas estructuras básicas, una serie de sistemas como son:

- **Sistemas de protección**. Los tejidos que están en contacto con el medio externo están protegidos por cutículas, corcho, ligninas, tricomas, etc. Por otra parte, presentan *estomas* regulables que les permiten el intercambio de gases. Además, el desarrollo del cigoto se lleva a cabo dentro del gametangio femenino, que lo protege hasta periodos avanzados del desarrollo.

- **Sistemas de absorción**. Presentan raíz que, además de sostén, esta estructura está especializada en la absorción de agua y sales minerales del suelo.

- **Sistemas de transporte**. Se realiza por medio de vasos conductores especializados, que son el *xilema* y el *floema*.

- **Sistemas de sostén**. Las plantas superiores también disponen de sistemas que les dan soporte para poder alcanzar tamaños mayores. Entre estos tejidos encontramos el *colénquima* y el *esclerénquima*.

Todo esto ha permitido a las plantas superiores diferenciar sus tejidos y especializarse a nuevos modos y formas de vida. Existen tejidos especializados en la protección, absorción y conducción, como hemos visto, pero también existen muchos otros encargados se secretar sustancias, actuar como reserva de nutrientes, reproductores, etc. Todos ellos son *tejidos verdaderos*, ya que proceden de la división de una célula o grupo de células embrionarias o, también llamadas, meristemáticas.

4. LOS PTERIDÓFITOS: LICOPODIOS, EQUISETOS Y HELECHOS

En este apartado vamos a ver las características generales que presenta el grupo más primitivo de los cormófitos, los pteridófitos, y a continuación, su sistemática, resaltando las características más relevantes de cada uno.

4.1. Características generales de los pteridófitos

Como hemos dicho, los pteridófitos son el grupo de cormófitos más primitivo. Presentan alternancia de generaciones heteromorfa, en la que la dominancia, a diferencia de los briófitos, es del esporófito.

Como vasos conductores presentan *traqueidas* acompañas de una serie de lignificaciones, que les dan resistencia. Presenta también polaridad en sus estructuras, con un polo caulinar y otro radical. Tienen epidermis con cutícula y estomas, y hojas con haces conductores, que son prolongaciones del xilema y floema del tallo principal. También presentan un crecimiento secundario por medio de un tejido meristemático que no presentaban los briófitos, el *cambium*, aunque sólo está presente en algunos grupos y es más bien poco frecuente.

Por lo que hace referencia a la reproducción, aún siguen teniendo espermatozoides, lo que implica la necesidad de agua para llevar a cabo la fecundación del óvulo. El gametófito, no obstante, es pequeño y pasa muchas veces desapercibido. En él se generan anteridios y arquegonios, que generarán las células reproductivas. Cuando el óvulo es fecundado se forma el cigoto y, a continuación, éste se desarrollará y dará lugar al esporófito, que es la planta de los pteridófitos.

El esporófito forma esporas, al igual que los briófitos, y éstas darán lugar de nuevo a los gametófitos. Las esporas se forman en unas estructuras especiales llamadas esporangios, que están presentes sólo en algunas hojas del esporófito, llamadas entonces **esporofilas**; el resto de hojas se llama **trofofilas**.

Finalmente, cabe decir que el gametófito, o también llamado protalo, puede ser de dos tipos: **magaprotalo**, si contiene arquegonios que darán lugar a células reproductoras femeninas (óvulos), o **microprotalo** o anteridios que darán lugar a células reproductoras masculinas (espermatozoides). De la misma manera, extrapolando al esporófito podemos encontrar **megesporofilas**, si contienen megasporangios que producirán megásporas y éstas megaprotalos, y **microsporofilas**, si contienen microsporangios que darán lugar a micrósporas y éstas a microprotalos.

4.2. Sistemática: licopodios, equisetos y helechos

Los pteridófitos son plantas que se han adaptado a vivir, prácticamente en todos los climas de la Tierra. Presentan todas las formas y tamaños (terrícolas, arbícolas, epífitas...), etc. No obstante, las encontraremos principalmente en ambientes húmedos, asociadas a un pH del suelo ligeramente ácido.

Vamos a ver, a continuación, los grupos más importantes de pteridófitos, resaltando algunas de las características más importantes que presentan, así como algunas de las especies más representativas de cada grupo. Existen tres grandes clases de pteridófitos: *clase Licopodios, clase Equisetos, clase Helechos*.

Los **licopodios** son el grupo de pteridófitos más primitivo. Presentan hojas pequeñas (*microfilas*) normalmente, verdaderas raíces, a veces con estróbilos que sirven como forma de resistencia, ramificación dicótoma, isosporia o heterosporia, con esporangios en las hojas. Como géneros más comunes está *Selaginella* e *Isoetes*.

Los **equisetos** presentan muy pequeñas, casi inapreciables, dispuestas en verticilos. El tallo es fistuloso (hueco), con ramificaciones que sales de los nudos, donde se encuentran las hojas. Presentan **rizoma**, es decir, parte del tallo está enterrado y solo sale al exterior el tallo que acompaña a las hojas. Las raíces presentan la misma estructura que los tallos, en verticilos. Los esporangios se disponen en el extremo superior de los tallos, formando estróbilos. En ocasiones podemos encontrar tallos fértiles y otros que no lo son que pueden presentar, incluso, formas muy diferentes. Son todos isospóricos, es decir, que no existe diferencia entre micro y megasporas. Existe un solo género, llamado *Equisetum*, que contiene todas las especies de equisetos conocidas.

Los **helechos** son los pteridófitos más abundantes y más conocidos. Al igual que los equisetos presentan rizoma, pero por el contrario, sólo emergen al exterior las hojas, que se llaman en este grupo **frondas**, por su gran tamaño. Son todos isospóricos. Viven en lugares húmedos. El meristemo de crecimiento de las hojas está en las puntas (y no en la base como en el caso de las plantas superiores), y presentan un tipo de prefoliación llamada **circinada**. Como géneros más comunes tenemos *Pteridium, Adiantum, Polipodium, Ceterach, Asplenium, Dryopteris* y *Polystichum*.

5. LA ADQUISICIÓN DE LAS SEMILLAS

En la historia evolutiva de las plantas llega un momento en que estas elaboran una estructura nueva, la **semilla**. Estas plantas se llaman espermatófitos, e incluyen a las cicas, ginkgos, pinos y fanerógamas.

La reproducción de estas plantas se lleva a cabo por medio de gametos, mientras que las esporas, aunque existiendo, quedan relegadas a un segundo plano. En términos utilizados en los briófitos y pteridófitos, la alternancia de generaciones es heteromorfa, el gametófito es muy pequeño y se da una heterosporia con el desarrollo del gametófito endospórico. El principal beneficio de todo ello es la independencia que se adquiere del agua y de la humedad externa para que se lleve a cabo la fecundación del óvulo.

En los espermatófitos aparecen también las **flores**, que se originan a partir de la modificación de ciertas hojas, y que van a ayudar a la reproducción de estas plantas. Por su parte, las semillas también juegan un papel muy importante. Por un lado protege al cigoto, que se desarrolla dentro de ésta y forma un embrión, que puede entrar en un periodo de latencia o no. Para ello, además de tejidos de protección, también contiene tejidos nutricios. En ocasiones, el ovario se transforma después de la fecundación y da lugar a una nueva estructura, el **fruto**, que sirve como órgano diseminador de las semillas.

Encontramos dos grandes grupos de plantas con semillas:

- **Gimnospermas**. Estas plantas no presentan óvulos cubiertos por ovarios; por consiguiente, tampoco presentarán un fruto verdadero.

- **Angiospermas**. Los óvulos de estas plantas están protegidos por carpelos (hojas modificadas) y que se transformarán, posteriormente, en el fruto.

Por otra parte, estas plantas presentan una raíz principal y otras secundarias, ramificaciones axilares del tallo, crecimiento secundario en grosor, etc.

6. GIMNOSPERMAS: CICADÓFITOS Y GINKGÓFITOS

Las gimnospermas, como hemos visto, son plantas que no presentan los ovarios recubiertos por los carpelos. En este grupo se incluyen los *cicadófitos*, *ginkgófitos* y *coniferófitos*. Vamos a ver, en este apartado, los dos primeros, cicadófitos y ginkgófitos.

6.1. Cicadófitos

Se trata de plantas arborescentes con aspecto de palmera, con hojas pinnadas de crecimiento apical (igual que los helechos). Presentan cambium, lo que les permite un cierto crecimiento en grosor.

Son dioicas, es decir, que existen plantas macho y plantas hembra. Las microsporofilas contienen sacos polínicos, y pueden considerarse como el origen del estambre. Las megasporofilas contienen los primordios seminales, en cuyo interior está la ovocélula; son el origen de los carpelos. Presentan aún espermatozoides, por lo que necesitarán de un medio líquido para que se produzca la fecundación. Las semillas, una vez fecundadas, no detienen su crecimiento, por lo que germinan inmediatamente después.

Dos géneros comunes son *Cycas* y *Zamia*.

6.2. Ginkgófitos

Éstos son árboles dióicos (existen árboles machos y árboles hembra), con crecimiento secundario, caducifolios, con *macroblastos* y *braquiblastos* (ramas de crecimiento limitado) que actúan a modo de flores. En hojas presentan nerviación dicótoma característica.

Los sacos polínicos (estambres) se reúnen en *amentos* (agrupación de estambres) mientras que los óvulos permanecen desnudos en ramas de crecimiento limitado. En la fecundación continúan existiendo espermatozoides. El primordio seminal tiene dos cotiledones y, aunque no presenta un periodo de latencia, sí que presenta quiescencia (crecimiento más lento). Los restos de macroprotalo que han quedado tras la fecundación actúan como tejidos de reserva del embrión, formando lo que se llama un *endospermo primario*. La semilla se desprende cuando aún no se ha acabado de formar el embrión, y la germinación tiene lugar poco después de haber caído al suelo.

La especie por excelencia de este grupo es el conocido *Ginkgo biloba*.

7. CONCLUSIÓN

A modo de conclusión, podemos decir que el mundo de las plantas es muy complejo, muchos más de lo que parece ser a simple vista. Pero esta complejidad aumenta cuando nos proponemos profundizar en su estudio.

En este tema nos hemos centrado en los grupos inferiores de plantas: briófitos, pteridófitos y algunas gimnospermas. Y hemos podido ver cómo están organizados, cómo y dónde viven, que relaciones hay entre todos estos grupos y, lo que aún es más importantes, hemos visto las relaciones entre esto y los conocimientos previos que podamos tener de nuestras incursiones por el medio natural.

Conocerlos y valorar su importancia son factores clave para su conservación, que será la conservación de todo el medio ambiente natural.

Bibliografía útil:

BARNES, S. y CURTIS, E. (2006) "Biología", 6ª edición. Ed. Panamericana.

IZCO SEVILLANO, J. (2004) "Botánica", Ed. McGraw-Hill.

STRASBURGER, E. y otros (2004) "Tratado de botánica", Ed. Omega.

También puede ayudar cualquier guía de plantas de la Península.

TEMA 37

LAS PLANTAS II. CONIFERÓFITOS Y ANGIOESPERMATÓFITOS. CARACTERES GENERALES, ORIGEN, CLASIFICACIÓN Y ECOLOGÍA. FAMILIAS Y ESPECIES DE ÁRBOLES Y ARBUSTOS ESPAÑOLES MÁS REPRESENTATIVOS. LA DESTRUCCIÓN DE LOS BOSQUES. LA REPOBLACIÓN Y LAS MEDIDAS PREVENTIVAS.

0. INTRODUCCIÓN

En este tema vamos a estudiar las plantas superiores, gimnospermas y angiospermas. Vamos a ver sus principales características, semejanzas y diferencias, así como los principales grupos que hay de cada uno de ellas y, también, las especies más representativas que encontramos en nuestro país. Por otra parte, también veremos algunos aspectos sobre los problemas de la destrucción de los bosques, así como de las medidas de repoblación y prevención más importantes que se llevan a cabo hoy día.

Este tema abarca aspectos muy diversos y muy amplios, por lo que intentaremos hacer un resumen de las cosas más importantes, sin poder profundizar mucho, por otro lado, en otros aspectos que podrían resultar interesantes.

Para la exposición de este tema seguiré el siguiente orden... (es muy conveniente exponer con claridad, aquí al principio, el orden que se va a seguir, leer el índice de una forma ágil)

1. CARACTERÍSTICAS GENERALES DE LAS PLANTAS

El reino de las plantas está compuesto por organismos pluricelulares, con verdaderos tejidos, autótrofos fotosintéticos y con fase embrionaria, como características más relevantes.

Las plantas colonizaron tierra firme hace unos 500 millones, en unos ambientes donde ya existían protistas, bacterias, líquenes y hongos. Este nuevo ambiente les aportó una serie de ventajas, como es la facilidad de recursos como la luz, pero también algunos problemas que tuvieron que resolver. Entre ellos estaba el tema de la densidad: en el agua, un medio denso, no eran necesarias grandes estructuras para sobrevivir; en cambio, en el medio aéreo la densidad no ayudaba al transporte y, por consiguiente, se necesitaba unas ciertas estructuras para obtener los nutrientes del suelo y soportar las hojas que se encargaban de la fotosíntesis.

Surgen dos soluciones para remediar este problema, que se asocian a dos niveles de organización distintos: el **talo**, presente en los briófitos y que consiste en una estructura simple, generalmente representado por una lámina y sin gran capacidad de regulación hídrica, y el **cormo**, típico de las plantas superiores y es una estructura que consta de raíz, tallo y hojas, y con mayor capacidad de regulación de las condiciones internas de la planta.

A lo largo de la historia, las plantas se han ido especializando a ambientes con características muy diversas, adoptando en algunos casos, modos de vida muy peculiares. Así, encontramos especies fotosintéticas (la mayoría), pero también parásitas (con poca o sin clorofila), insectívoras, simbiontes, etc.

2. GIMNOSPERMAS: CONIFERÓFITOS

Vamos a ver en este apartado las características generales de las gimnospermas, que incluye a los coniferófitos y, en el siguiente, las de las angiospermas.

2.1. Características generales de las gimnospermas

Las gimnospermas son los espermatofitos más primitivos. Su principal característica es el no presentar un óvulo protegido por un ovario, es decir, que los carpelos no se llegan a cerrar sobre sí mismos para formar un pistilo. Por consiguiente, posteriormente las semillas tampoco estarán encerradas en un fruto.

Por otra parte, algunas gimnospermas presentan caracteres primitivos como es la presencia de espermatozoides como células reproductivas. Esto va despareciendo poco a poco, y en las coníferas, por ejemplo, ya no los encontramos. La fecundación es simple, y se manifiesta en la presencia de un único endospermo, el **endospermo primario**, como tejido nutricio del embrión.

Como sistemas de transporte de savia solamente tienen *traqueidas*, que son poco eficientes, por lo que el crecimiento de estas plantas esperaremos que sea lento.

Según las características morfológicas y estructurales, podemos diferencias dos grandes grupos de gimnospermas: la subdivisión coniferofitinas y la división cicadofitinas. El estatus taxonómico de estos grupos puede variar, no obstante, según la clasificación de diferentes autores.

- **Coniferofitinas**. También llamados coniferófitos. Son gimnospermas de hoja dicótoma o acicular, leñosas, con macroblastos y braquiblatos (ramas de crecimiento limitado). Tienen flores unisexuales, sin perianto y con fecundación anemófila por el viento. Las plantas pueden ser dioicas o monoicas. Tanto las hojas normales como las reproductoras (estambres y carpelos) se pueden disponer sobre las ramas bien en verticilos, bien de forma opuesta, bien en forma helicoidal (como en los estróbilos de las piñas).

- **Cicadofitinas**. Son gimnospermas de hoja pinnada, arborescentes con forma de palmera, normalmente de pequeñas dimensiones. En la fecundación presentan espermatozoides y las semillas no paran el crecimiento tras la fecundación. Las megasporofilas tienen varios primordios seminales y las microsporofilas contienen los sacos polínicos, que en ocasiones se agrupan en una flor unisexual, que puede llegar a tener, incluso, algo parecido a un perianto.

2.2. Origen

El origen de las gimnospermas lo encontramos en un grupo de plantas fósiles, conocidas como **progimnospermas**. Presentaban un tronco leñoso con crecimiento secundario y tenían micro y megasporangios.

Las progimnosperas eran unos espermatofitos con forma de helecho que vivieron en el devónico, hace unos 400 millones de años. Provienen de un grupo llamado *Psilophytatas*, con *Rhynia* como especie más característica. Posteriormente, las progimnospermas se diferenciaron en tres grandes líneas evolutivas: las *Pteridospermas*, que dieron lugar, entre otras, a las cicadofitinas y a las angiospermas, como veremos más adelante, las *Cordiatales*, que dieron lugar a los pinos y similares, y las *Ginkgoatales*. Estos tres grupos se comenzaron a diferenciar en el carbonífero, hace unos 350 millones de años.

2.3. Clasificación

Las gimnospermas están incluidas dentro de la división Espermatófitos. Esta división está compuesta por tres grandes subdivisiones, dos pertenecientes a las gimnospermas y uno a las angiospermas, que veremos más adelante. Esto quiere decir que las gimnospermas van a constituir un grupo taxonómico *parafilético*. Las dos subdivisiones de gimnospermas son la **subd. coniferofitinas** y la **subdiv. cicadofitinas**.

SUBDIVISIÓN CONIFEROFITINAS

Esta subdivisión incluye a dos grandes clases que son, en general, bastante conocidas:

- **Clase Ginkgoatae**. Es la clase más primitiva de coníferas. Presentas las flores en braquiblastos y son de hoja caduca. Se diferencian machos y hembras. La especie más característica es *Ginkgo bibolba*, un fósil viviente cuya existencia ha quedado restringida a unos pocos lugares de Asia.

- **Clase Pinatae**. Son las gimnospermas más abundantes. Tienen flores en braquiblastos, donde se insertan lateralmente los sacos polínicos y los carpelos. Las plantas suelen ser monoicas, pero con flores unisexuales. Dentro de este grupo se pueden llegar a distinguir dos grandes subclases:

4

- Subclase Taxaceae: estas plantas tienen hojas planas y puntiagudas, con individuos dioicos y un solo primordio seminal por flor. La especie más representativa es el tejo, *Taxus baccata*.

- Subclase Pinidae: a esta subclase también se le suele llamar simplemente **coníferas**. Sus hojas son aciculares o escamiformes, las inflorescencias forman piñas, llamadas estróbilos. Flores unisexuales y plantas monoicas o dioicas. En este grupo solamente tiene un orden, el orden pinales, en el que se distinguen cinco grandes familias:

  o *Familia Araucariáceas*: incluye a *Araucaria excelsa*, o simplemente araucaria, una planta utilizada frecuentemente como ornamental por su graciosas formas.

  o *Familia Pináceas*: esta familia es la más numerosa y llega a formar importantes masas forestales. Las hojas son aciculares con disposición helicoidal y los estróbilos son leñosos, con dos semillas por escama. Incluye a los pinos (*Pinus sp.*), abetos (*Picea sp.*), cedros (*Cedrus sp.*) y alerces (*Larix sp.*)

  o *Familia Taxodiáceas*: incluyen las sequoias, que tienen hojas escamiformes y pueden llegar a alcanzar importantes dimensiones. Incluye los géneros *Sequoia* y *Sequoiadendron*.

  o *Familia Cupresáceas*: tienen hojas escamiformes, opuestas o en verticilos; estróbilos leñosos. Género comunes son *Cupressus*, los cipreses, *Juniperus*, los juníperos, y *Thuja*, las tuyas.

  o *Familia Podocarpáceas*: son árboles con hojas alargadas, pocos frecuentes y utilizados como ornamentales. El género más característico es *Podocarpous*.

SUBDIVISIÓN CICADOFITINAS

Este grupo de gimnospermas incluye plantas muy características, pero poco abundantes y conocidas. En general, suelen tener hojas pinnadas y estructuras fértiles complejas. Distinguimos dos grandes clases:

- **Clase Gnetatae**. Son plantas muy escasas, con flores muy reducidas y, en algunos casos, también las hojas. Incluye tres géneros característicos: *Ephedra*, que vive en la zona mediterránea, *Welwitschia*, una planta típica de los desiertos africanos, y *Gnetum*.

- **Clase Cycadatae**. Tiene formas de pequeñas palmeras. Incluye dos géneros conocidos: *Cycas* y *Zamia*.

2.4. Ecología

Las gimnospermas incluyen plantas arbustivas o arbóreas, que viven bien en lugares muy recónditos o bien forman importantes formaciones boscosas. Para ello, presentan diferentes adaptaciones a los hábitats donde viven, que serán peculiares de cada grupo.

En el caso de los cicadofitinos, éstos tienen poca importancia en la vegetación. Suelen ser escasos y pasar desapercibidos en las masas boscosas dominadas por otros grupos de plantas.

Las coniferofitinas incluyen unas 600 especies; son más importantes que las anteriores pues son cosmopolitas y pueden llegar a formar grandes masas boscosas. De hecho, suponen alrededor del 39% de los bosques españoles, de los cuales, la inmensa mayoría están constituidos por pinos.

Las plantas de este grupo suelen hallarse principalmente en el hemisferio norte, en lugares fríos o secos. De hecho, se sitúan en el límite del bosque boreal hacia el norte y en alta montaña, y son muy comunes en las zonas periféricas a los desiertos. El género *Pinus*, por ejemplo, es prácticamente cosmopolita, tiene un rápido crecimiento, por lo que es muy utilizado en repoblaciones.

Por otro lado, las coníferas son consideradas plantas **pirófitas**, adaptadas a climas secos donde son frecuentes los incendios.

3. ANGIOSPERMAS

En este apartado vamos a ver las angiospermas, que comprenden a todas las plantas con frutos protegidos por los carpelos, que forman un ovario. Éste, posteriormente, se transformará en el fruto, típico de este grupo.

3.1. Características generales de las angiospermas

Las angiospermas presentan las siguientes características. Vamos a resumirlas de forma esquemática:

- Los primordios seminales de estas plantas están encerrados dentro del ovario, que se transformará en el fruto. Todo ello forma el pistilo que tiene las siguientes partes: *estigma*, *estilo* y *ovario*, que contiene los *primordios seminales*.

- Los gametófitos masculinos y femeninos están muy reducidos (unas pocas células).

- Presentan flores, que pueden ser muy complejas. La función es la atracción de animales que faciliten la polinización. Esto se conoce como perianto. La mayoría son hermafroditas, pero también hay unisexuales. Las flores evolucionan de simples a compuestas, o bien tienden a la reducción de piezas y tamaño.

- La fecundación es doble: una célula espermática (que procede de la germinación del grano de polen) fecunda la ovocélula, que formará el embrión; una segunda célula espermática fecunda otra célula del ovario y forma el **endosperma secundario**, que es una estructura de reserva propia de las angiospermas, y que sólo se produce cuando se fecunda el óvulo, lo cual optimiza las reservas.

- Presentan diferentes tipos de *morfologías* (árboles, arbustos y hierbas) y de *modos de vida* (fotosintéticas, parásitas, marinas...). También presentan una gran variedad de metabolismos, siendo de gran importancia y variedad el *metabolismo secundario*.

- Entre los vasos conductores, presentan **tráqueas** como novedad, acompañados de tubos cribosos más células anexas. Las tráqueas, de luz más amplia, agilizan el transporte de sabia, lo que permite un crecimiento más rápido.

- Las hojas son pinnadas en las más primitivas, pero rápidamente se diversifican en gran variedad de formas y especializaciones (espinas, zarzillos...).

- Las plántulas tienen uno o dos cotiledones. La raíz principal puede desaparecer y dar lugar a otros tipos.

- También presentan tejidos mecánicos especializados, **colénquima** y **esclerénquima**.

3.2. Origen

El origen de las angiospermas se encuentra en el Cretácico superior, hace unos 135 millones de años. De esta época se han encontrado restos de hojas, polen y madera.

A partir de aquí, su evolución fue rápida, dada la facilidad de adaptación al medio y a su rápido crecimiento. Se cree que se expandieron del ecuador hacia los polos, sustituyendo a su paso a las comunidades preexistentes.

Los indicios encontrados en los retos fósiles sugieren su aparición a partir de un grupo de gimnospermas, posiblemente de las *pteridospermas*, aunque aún quedan algunos aspectos por esclarecer. Poco tiempo después de su aparición ya se diferenciaron dos grandes grupos: *monocotiledóneas* y *dicotiledóneas*.

3.3. Clasificación

Las angiospermas están incluidas también dentro de la división Espermatófitos. Todas ellas pertenecen a una subdivisión, la magnoliofitina o, simplemente, angiospermas.

En esta subdivisión podemos diferenciar dos grandes grupos que corresponden a dos *clases* de angiospermas:

- **Clase dicotiledóneas.** Son plantas que presentan dos cotiledones, u hojas germinativas, cuando germina la semilla; además presentan otras características como una raíz principal duradera, hojas con peciolo, haces conductores dispuestos en círculo, etc.

   En esta clase se distinguen media centena de órdenes de dicotiledóneas, difíciles de resumir aquí. Por otro lado, estos órdenes se agrupan en subclases, las principales de las cuales son:

- Subclase magnólidas: son plantas leñosas y muchas de ellas producen esencias. Son las magnolias, laureles, pimienta, nenúfares, etc.

- Subclase ranuncúlidas: la mayoría son herbáceas. Ejemplos son los ranúnculos, las amapolas, etc.

- Subclase cariofílidas: son herbáceas, con hojas poco ornamentadas. Aquí se incluyen los claveles, los cactus y las espinacas entre otras.

- Subclase hamamelídidas: la mayoría son plantas leñosas, anemófilas y formadoras de bosques. Incluye los plátanos, encinas, hallas, abedules, olmos, higueras, nogales, el cáñamo y las ortigas.

- Subclase rósidas: frecuentemente tienen hojas compuestas y receptáculos florales ensanchados. Aquí se encuentran gran cantidad de especies como las rosas, los árboles frutales del género *Prunus*, las fabáceas (alfalfa, habas, guisantes), las acacias, eucaliptus, granados mangles, naranjos y limoneros, pistachos, arces, lino, cocaína, viñas, muérdago, euforbias y umbelíferas (perejil, anís, zanahoria...)

- Subclase dilénidas: son plantas arbóreas o arbustivas con hojas frecuentemente simples. Incluye el te, plantas carnívoras (*Drosera*, *Sarracenia*), jaras, crucíferas (col, nabo), álamos y sauces, calabazas, tilos, malvas, cacao, caquis, primaveras, madroños, brezos,..

- Subclase lámidas: incluye planas herbáceas o arbóreas como la valeriana, el jazmín, el fresno, el café, el orobanque, el tabaco, el tomate y la patata, y plantas aromáticas como la albahaca, la salvia, el tomillo, etc.

- Subclase astéridas: son plantas que frecuentemente presentan flores compuestas como las margaritas, las lechugas o la alcachofa.

- **Clase monocotiledóneas**. Estas plantas, a diferencia de las dicotiledóneas, tienen semillas con un solo cotiledón, como característica esencia. Por otro lado, la raíz principal desaparece y aparecen otras caulenógenas, los haces conductores se encuentran dispersos en el haz, hojas sin peciolo y sin crecimiento secundario en grosor importante.

- <u>Subclase alismátidas</u>: son plantas acuáticas y herbáceas como la posidonia.

- <u>Subclase liliidas</u>: son plantas herbáceas o leñosas de climas áridos. Incluye los tulipanes, ajos, aloe, narcisos, orquídeas, aloe, etc.

- <u>Subclase arécidas</u>: son plantas arbustivas o bien acuáticas y de zonas húmedas. Aquí están las palmeras y las lentejas de agua dulce (*Lemna*) entre otras.

- <u>Subclase commelínidas</u>: son plantas que suelen presentar hojas con nervios paralelos, como las gramíneas, la chufa o la espadaña.

- <u>Subclase zingibéridas</u>: son hierbas terrestres o epífitas. Incluye la piña, el jengibre o el platanero.

3.4. Ecología

Las angiospermas abarca un grupo de más de 250.000 especies, el más abundantes, sin duda, de plantas. Entre tanta cantidad, se da también una gran variedad de formas de estructurales, distinguiendo entre formas herbáceas, arbustivas y arbóreas. De la misma manera, encontramos gran variedad de sistemas metabólicos (C3, C4, CAM) que les han permitido adaptarse mejor a los ambientes donde viven, ya sean acuáticos, terrestres, epífitos, parásitos, lugares fríos, cálidos, etc.

Tienen, además, una gran importancia en la producción primaria del planeta, lo que da pie a que se puedan sustentar sobre ellas importantes comunidades de otros seres vivos, sobre todo terrestres.

Por otro lado, de las angiospermas se han extraído gran cantidad de especies cultivadas por el hombre, lo que hace aún más interesante su estudio y conservación.

4. PRINCIPALES FAMILIAS Y ESPECIES DE ÁRBOLES Y ARBUSTOS ESPAÑOLES

El nivel taxonómico de *familia* es muy utilizado por los botánicos; tiene una gran utilidad y uso para hablar de tipos morfológicos de plantas. En este apartado vamos a ver las principales familias y especies que se encuentran en nuestro país. Por su gran variedad y extensión, estudiaremos algunas de las principales familias y especies de las muchísimas más que hay en nuestro país y que, por razones de espacio y tiempo, nos es imposible de tratar.

De las gimnospermas destacamos las siguientes familias:

- **Familia pináceas**. Son los pinos. En España existen gran cantidad de especies de esta familia. Destacamos especies como el pino carrasco (*Pinus halepensis*), el pino piñonero (*P. pinea*), pino albar (*P. sylvestris*), pino marítimo (*P. pinaster*), pino negral (*P. nigra*), pino canario (*P. canariensis*) o el abeto (Abies alba).

- **Familia cupresáceas**. Se encuentran acompañando a otras formaciones boscosas. Entre ellos están el ciprés (*Cupressus sempervirens*), el junípero (*Juniperus communis* y *J. oxycedrus*)

- **Familia efedráceas**. Son plantas raras, asociadas a climas secos del sur peninsular. Destacamos a *Ephedra fragilis*.

- **Familia taxáceas**. No forman grandes masas boscosas, sino que más bien se insertan entre bosque de pinos y hayas. Destacamos el tejo (*Taxus baccata*).

Las angiospermas son mucho más abundantes en nuestro país, y son también muy importantes en la formación de masas boscosas. Nombraremos, a continuación, sólo algunas de las familias más importantes:

- **Familia lauráceas**. Son plantas con hojas coriáceas y lustrosas, típicas del bosque de laurisilva canario. La más característica es el laurel (*Laurus nobilis*).

- **Familia platanáceas**. Son plantas que aparecen dispersas en algunas zonas boscosas. Aquí se encuentra el plátano (*Platanus hispanica*).

- **Familia fagáceas**. Estas plantas generan importantes formaciones boscosas en nuestro país, algunas de carácter perenne como la encina (*Quercus ilex*), el quejigo (*Q. faginea*) o el alcornoque (*Q. suber*), y otras de caducifolios como el roble (*Q. humilis*, *Q. robur*). El castaño (*Castanea sativa*) también es importante en algunos lugares. Por su parte, el haya (*Fagus sylvatica*) vive en lugares fríos y puede formar bosques importantes en zonas de montaña.

- **Familia betuláceas**. El abedul (*Betula pendula*) es frecuente encontrarlo entre los hayedo o pinares de alta montaña, igual que el avellano (*Corylus avellana*). En cambio, el aliso (Alnus glutinosa) se encuentra cerca de ríos y masas de aguas limpias.

- **Familia juglandáceas**. El nogal (*Juglans regia*) lo encontramos frecuentemente aislado, muy asociado al paso del hombre.

- **Familia ulmáceas**. El olmo (*Ulmus minor*) y el almez (*Celtis australis*) no forman grandes bosques, sino que se suelen situar en márgenes de bosques, carreteras, y zonas alteradas por el hombre.

- **Familia moráceas**. Los morales negro (*Morus nigra*) y blanco (*M. alba*) son árboles que los encontramos frecuentemente en jardines, parques... utilizados como ornamentales.

- **Familia rosáceas**. Esta familia contiene gran variedad de formas, tanto herbáceas, arbustivas como arbóreas. Aquí encontramos especies como el espino o majuelo (*Crataegus monogyna*), el endrino (*Prunus spinosa*), el serbal (*Sorbus domestica*); también arbustos como el frambueso (*Rubus idaeus*), la zarza (*R. ulmifolius*) o el rosal silvestre, que pertenecen a varias especies del género *Rosa*.

- **Familia rutáceas**. Esta familia incluye, sobre todo, especies cultivadas como el limonero (*Citrus limon*) o el naranjo (*C. sinensis*).

- **Familia anacardiáceas**. Esta familia tiene dos arbustos que se encuentran en límites de bosque o en zonas abiertas; aquí están el lentisco (*Pistacia lentiscus*) y el zumaque (*Rhus coriaria*).

- **Familia aceráceas**. Incluye los arces, que son árboles de pequeño tamaño que pertenecen a varias especies: *Acer negundo*, *A. opalus*, *A. monspessulanum*.

- **Familia ramnáceas**. Incluye el aladierno (*Rhamnus alaternus*) una forma arbustiva.

- **Familia buxáceas**. Aquí encontramos el boj (*Buxus sempervirens*), típico de zonas más bien montañosas.

- **Familia salicáceas**. Los álamos, como el álamo blanco (*Populus alba*), el álamo negro (*P. nigra*), o el temblón (*P. tremula*); también incluye a varias especies de sauces, que pertenecen al género *Salix*. Todas estas plantas las encontramos asociadas a zonas húmedas, cercanas a ríos.

- **Familia aquifoliáceas**. Incluye una emblemática especie, el acebo (*Ilex aquifolium*).

- **Familias cornáceas**. El cornejo (*Cornus sanguinea*) es un árbol de pequeño tamaño que se es frecuente encontrarlo en los bosque mediterráneos.

- **Familia ericáceas**. Incluye arbustos como el madroño (*Arbutus unedo*), el rododendro (*Rhododendron ferrugineum*) y los brezos (*Erica arborea* y *E. multiflora*).

- **Familia oleáceas**. Son árboles como el olivo (*Olea europaea*), el fresno (*Fraxinus exelcior*), o el aligustre (*Ligustrum vulgare*).

- **Familia arecáceas**. Son las palmas. Destacamos el palmito (*Chamaerops humilis*) y la palma datilera (*Phoenix dactylifera*).

5. LA DESTRUCCIÓN DE LOS BOSQUES

El ser humano ha utilizado del medio natural para su desarrollo a lo largo de la historia. La madera de los bosques ha sido un medio esencial en la historia. En los primeros tiempos, este uso se hacía de modo sostenible, pues el impacto que se hacía sobre las grandes masas forestales era inapreciable.

Con el descubrimiento del fuego, comenzó la destrucción masiva de los bosques. Se necesitaban tierras fértiles para extender los cultivos de las poblaciones en crecimiento. Esta era la principal causa de la pérdida de bosques durante el Neolítico, junto con las talas.

En la Edad Media, en cambio, las frecuentes guerras requerían unas cantidades ingentes de madera, tanto para construir armamento, como para utilizarla como combustible.

En la actualidad, hemos heredado gran parte de estas acciones históricas. En nuestro país, a parte de las causas pasadas, se suman otras como:

- la extensión de los nuevos cultivos agrícolas, que necesitan grandes extensiones sin barreras.

- incremento de las áreas urbanas.

- necesidad de zonas para pastoreo; esta práctica utilizada al extremo, destruye el estrato herbáceo, que protege por su parte el suelo y facilita, cuando está, la regeneración del bosque.

- frecuencia y magnitud de las plagas que, cuando aparecen, se extienden a grandes regiones, produciendo importantes pérdidas en las poblaciones tanto cultivadas como naturales.

- los incendios son de gran importancia en nuestro país, como agente destructor de bosques; la destrucción de un bosque tras un incendio es lenta y costosa.

- la lluvia ácida puede tener cierta importancia, sobre todo en las zonas más industrializadas; quizás no es tan grave como para eliminar los bosques totalmente, pero sí los deterioran, disminuyendo su capacidad vital.

- también puede haber otros problemas añadidos como puede ser el de la desertización, que degenera los estratos arbóreo, arbustivo y herbáceo y dificulta la regeneración de una masa forestal.

6. LA REPOBLACIÓN Y LAS MEDIDAS PREVENTIVAS

Ante la rápida destrucción de los bosques y de las zonas verdes, y viendo la importancia que éstas tienen en la dinámica tanto de los ecosistemas, como en la de las propias poblaciones humanas, se hace necesario *preservarlos* y, en los casos más extremos, *repoblarlos* para alcanzar la estructura inicial que presentaban.

6.1. La repoblación

La repoblación es una medida que se adopta para recuperar masas forestales que se han perdido en algún momento del pasado por causa humana. No solamente es necesario repoblar, sino también hacerlo con las especies más adecuadas para cada territorio.

Ya en el siglo XIX se practicaba esta técnica en Cantabria, Asturias y Galicia: se plantaban especies como el eucalipto, que eran de rápido crecimiento, lo que la dotaba de un interés económico importante. El problema era que las repoblaciones se hacían con especies foráneas, que competían con las autóctonas y generaban, por otra parte, problemas derivados como plagas.

A finales de los 80, también se llevaban a cabo repoblaciones con motivos económicos que llegaban, incluso, a sustituir a los bosques autóctonos por especies de rápido crecimiento.

Como contrapartida de todo esto, y tras ver la importancia que tiene la dinámica de las poblaciones naturales en el equilibrio y buen funcionamiento de las poblaciones naturales, surgen nuevos planes forestales con una nueva concepción de los ecosistemas naturales. En éstos se tienen en cuenta aspectos como los que siguen:

- las repoblaciones se hacen con especies autóctonas, junto con el matorral acompañante que suelen llevar; con esto se busca un bosque parecida al que había antes de la deforestación.

- se realizan *labores de monte*, que mantienen limpios de vegetación muerta los bosques con tendencia a incendiarse.

- el bosque se explota, pero de una manera racional que lleve a un desarrollo sostenible entre el ecosistema y el ser humano.

6.2. Medidas preventivas

Las repoblaciones son necesarias en determinados casos; pero aún son más importantes las medidas preventivas, que eviten llegar a la pérdida del bosque.

Todo esto entra dentro del marco de conservación de los bosques, que incluirá **acciones de investigación**, como el estudio de la biodiversidad biológica de una zona, la creación de bancos de genes, el estudio y control de las poblaciones, el conocimiento de especies y ecosistemas frágiles, etc.

Por otra parte, también es importante que se lleve a cabo una **política adecuada de protección** de las zonas verdes como es la gestión racional de suelo, la evaluación de impacto ambiental, la conservación de ciertas especies más frágiles, la protección de zonas en peligro de extinción o de gran valor, etc.

Finalmente, también resulta de vital importancia el esfuerzo que se hace en la **concienciación ciudadana**, pues es muy importante que la gente conozca, en primer lugar, lo que tiene para que, después, puedan crearse en ellos actitudes positivas para su conservación.

7. CONCLUSIÓN

Como conclusión, podemos decir que el estudio de las plantas superiores es muy complejo. No solamente por las estructuras, formas y especializaciones que presentan, sino también por su dinámica y adaptación a las condiciones del medio ambiente.

Hemos podido estudiar los dos grandes grupos de plantas que pueblan nuestro planeta, y de ellas tanto los aspectos morfológicos como los principales grupos, muchos de ellos, como por ejemplo las gramíneas, muy conocidos en la vida cotidiana.

También nos hemos centrado en las especies más comunes que podemos encontrar en la Península y, cómo no, hemos podidos centrarnos también en los problemas que engloba la destrucción de los bosques, y cómo se pueden paliar o solucionar.

Bibliografía útil:

BARNES, S. y CURTIS, E. (2006) "Biología", 6ª edición. Ed. Panamericana.

IZCO SEVILLANO, J. (2004) "Botánica", Ed. McGraw-Hill.

STRASBURGER, E. y otros (2004) "Tratado de botánica", Ed. Omega.

También puede ayudar cualquier guía de plantas de la Península.

TEMA 38

MORFOLOGÍA Y FISIOLOGÍA DE LAS ESTRUCTURAS VEGETATIVAS Y REPRODUCTORAS DE LAS CORMOFITAS.

0. INTRODUCCIÓN

En el presente tema vamos a centrarnos en el estudio de las estructuras morfológicas generales de las plantas, por un lado y, por otro, también vermos las estructuras reproductivas de éstas. Así mismo, vamos a tratar también los aspectos fisiológicos más importantes de estas estructuras.

Todo lo que veremos en esta tema son aspectos muy interesantes, pero también diversos de las plantas, por lo que intentaremos incluir los más relevantes que nos permita el espacio y tiempo que disponemos. Del mismo modo, también se excusa la falta de otros muchos aspectos que podrían haberse tratado también en este tema.

El estudio de la estructura y fisiología de las plantas es muy importante en botánica, no solamente por el conocimiento que proporciona en sí, sino también por todas las aplicaciones que de él se pueden derivar tanto para la medicina, la agricultura o la investigación básica.

Para la exposición de este tema seguiré el siguiente orden...

(es muy conveniente exponer con claridad, aquí al principio, el orden que se va a seguir, leer el índice de una forma ágil)

1. CARACTERÍSTICAS GENERALES DE LOS CORMÓFITOS

El reino de las plantas está compuesto por organismos pluricelulares, con verdaderos tejidos, autótrofos fotosintéticos, con clorofila, y con fase embrionaria, como características más relevantes.

Los cormófitos son plantas que presenta cormo. El **cormo** es una estructura típica de plantas superiores que está formada por una **raíz** en la base, un **tallo** en la parte central, y unas **hojas** sobre el tallo. Este hecho va unido a otros aspectos como la homeohídria, o capacidad de regular la concentración de agua interna, de estas plantas, que ha permitido, como consecuencia, la conquista del medio terrestre.

Los cormófitos tienen, además de estas estructuras básicas, una serie de sistemas como son:

- **Sistemas de protección**. Son tejidos que están en contacto con el medio externo y protegen a las plantas de sus adversidades. Estos son cutículas, corcho, ligninas, tricomas, etc. Por otra parte, presentan *estomas* que les permiten el intercambio de gases.

- **Sistemas de absorción**. La raíz, además de actuar como soporte y sostén de la planta, está especializada en la absorción de agua y sales minerales del suelo.

- **Sistemas de transporte**. Las sales minerales absorbidas junto con el agua, y la savia elaborada se mueve por medio de vasos conductores especializados, que son el *xilema* y el *floema*.

- **Sistemas de sostén**. Son tejidos robustos y consistentes que dan rigidez y soporte a los cormófitos. Esto permite, entre otras cosas, alcanzar mayores tamaños. Entre estos tejidos encontramos el *colénquima* y el *esclerénquima*.

Todo esto ha permitido a las plantas superiores diferenciar sus tejidos y especializarse a nuevos modos de vida y adaptarse a nuevos ambientes. Existen tejidos especializados en la protección, absorción y conducción, como hemos visto, pero también existen muchos otros encargados se secretar sustancias, actuar como reserva de nutrientes, reproductores, etc. Todos ellos proceden de la división de una célula o grupo de células embrionarias llamadas *meristemos*.

Una vez vistas a grandes rasgos las características generales de los cormófitos, vamos a pasar al estudio de la morfología y fisiología de las estructuras vegetativas y reproductoras. Comenzaremos por las estructuras vegetativas.

2. MORFOLOGÍA DE LAS ESTRUCTURAS VEGETATIVAS

A grandes rasgos, y como hemos visto, en todo cormófito vamos a distinguir tres partes básicas: la raíz, el tallo y las hojas. El tallo y las hojas formarán una estructura aérea llamada **vástago**. Vamos a verlos con un poco más de detalle.

2.1. El tallo

El tallo es el lugar de anclaje de las hojas, que se insertan en unos lugares concretos llamados **nudos**. Así, un tallo se divide en nudos y entrenudos. Esta estructura hace, por así decirlo, de intermediaria entre la raíz y las hojas.

El crecimiento del tallo se produce en las **yemas**, que son un punto vegetativo protegido por los *primordios foliares*. Las yemas pueden ser **apicales**, si se encuentran en el extremo superior del tallo, o **axilares** si se encuentran en zonas laterales. La ramificación del tallo puede ser **dicótoma**, si cuando se divide lo hace en dos ramas iguales, o **lateral**, si lo hace en una principal y otra secundaria.

Según la morfología del tallo, las plantas pueden dividirse en **acaules**, si no tienen tallo, **rectas**, si tienen un tallo erguido, o **reptantes**, si el tallo está postrado en el suelo. Según su duración y consistencia, las plantas se pueden dividir en **herbáceas**, si presentan un tallo anual, o **leñosas**, si es perenne.

Por otro lado, el tallo puede presentar especializaciones como respuesta a la adaptación al medio de la planta que las posee. Destacamos algunas:

- **Tallo voluble**. Tallo típico de las plantas trepadoras, que tiene la capacidad de engancharse a una estructura vertical.

- **Estolones**. Son tallos reptantes que son capaces de echar raíces y generar una nueva planta. Esto es típico de las fresas.

- **Filocladios**. Son ramificaciones de tallos que se han ensanchado y han adoptado forma de hoja, como en *Ruscus aculeatus*.

- **Cladodios**. Son tallos que se han aplanado; las hojas se han transformado en espinas y el tallo realiza la función fotosintética. Esto pasa, por ejemplo en los higos de moro del género *Opuntia*.

- **Espinas**. Son excrecencias del tallo con forma puntiaguda que sirve como defensa. Se encuentran, por ejemplo, en *Prunus spinosa*.

- **Acaulios**. Son también espinas pero, a diferencia de las anteriores, en su formación sólo interviene la capa más externa del tallo, la epidermis. Es el caso de las espinas de las rosas.

- **Zarcillos**. Son ramas de crecimiento limitado que se han especializado en la sujeción de la planta al sustrato. Lo presentan, como ejemplo, las vides.

- **Tallos subterráneos**. Se trata de tallos que se han especializado en almacenar sustancias y también como sistemas de resistencia. Pueden ser **rizomas** (bambú), **tubérculos** (como la patata) o **bulbos** (cebolla).

Si nos fijamos ahora la estructura interna del tallo, vemos que hay dos tipos de vasos: los que conducen savia bruta, o **xilema**, y los que transportan savia elaborada, o **floema**. La disposición de estos vasos en monocotiledóneas y dicotiledóneas, por ejemplo, es diferente y característica. Entre el floema y el xilema se encuentra el **cambium**, un meristemo que permite el crecimiento en grosos del tallo. Exteriormente a los vasos conductores, se encuentra el parénquima cortical y la epidermis o suber y, entre ellos, otro meristemo, el **felógeno**.

2.2. La hoja

Las hojas son una especie de plataformas donde se lleva a cabo la fotosíntesis. Tienen un crecimiento limitado y se apoyan sobre los tallos, en los nudos. La mayoría son de color verde debido a la presencia de clorofila y, si alguna no lo es, se debe a la presencia de pigmentos protectores.

En una hoja normal se distinguen dos partes: el **limbo**, la parte más aplanada, y el **peciolo**, que une el limbo al tallo. En la base del peciolo puede haber un especie de prolongaciones llamadas **estípulas**.

Las hojas se pueden clasificar de muchas formas atendiendo a diversos factores. Así, según la disposición de los nervios en el limbo, la hoja puede ser *paralelinervia*, *pinnada*, *palmada* o *dicótoma*. Según cómo sea el limbo, la hoja puede ser *entera* o *dividida*, y dentro de esta última puede ser *fesa*, *partida* o *seccionada*. Según la disposición en el tallo pueden ser *esparzas*, *opuestas* o *verticiladas*. Según la función se dividen en *cotiledones*, *nomofilas*, *catafilas*, *hipsofilas*, *nomofilas* o *antofilas*. Pueden también dividirse en ser *simples* y *compuestas*, y en *perennes* y *caducifolias*.

Al igual que pasaba en los tallo, las hojas también pueden presentar especializaciones como las que siguen:

- **Zarcillos**. Son parecidos a los que surgen del tallo pero, en este caso, están formados a partir de hojas modificadas, muchas veces solamente por la parte de éstas.

- **Espinas**. Surgen como protección de las hojas a partir de la epidermis de éstas. Por ejemplo, las hojas de las rosas tienen.

- **Filodios.** Son unas estructuras planas con forma de hoja formadas a partir del aplanamiento del nervio, solamente. Son típicas de las acacias.

- **Hojas suculentas**. Son hojas gruesas donde se acumula gran cantidad de agua como reserva. Típico de plantas crasas.

En su estructura interna se distingue un xilema, en la parte superior, y un floema en la inferior; estos vasos conductores forman los nervios. Rodeándolos se encuentra el parénquima fotosintético, donde se lleva a cabo la fotosíntesis.

2.3. La raíz

La raíz es la parte subterránea de la planta, que la sujeta y le proporciona los nutrientes necesarios para llevar a cabo la fotosíntesis. No presenta hojas y presenta un punto vegetativo en el extremo protegido por una estructura en forma de capuchón llamada **cofia**, que permite el crecimiento apical a través del sustrato.

Se pueden distinguir varias partes o regiones: **región de elongación**, donde las células meristemáticas se dividen y que está protegida por la cofia, como hemos dicho, le sigue una **región de maduración**, donde las células crecen y maduran y donde se encuentran los pelos radiculares que llevan a cabo la mayor parte de la absorción de estas plantas y, finalmente, una **región suberosa**, donde se produce la ramificación de las raíces.

Según la forma se pueden distinguir dos tipos de sistemas radiculares, que permiten a mono de dicotiledóneas. El **sistema axonomorfo**, está formado por una raíz principal de la que surgen una serie de raíces secundarias; el **sistema fasciculado** no presenta una raíz principal, sino que todas tienen el mismo tamaño y parten del mismo punto, la base del tallo.

Las raíces también pueden tener especializaciones, como las otras estructruas que hemos visto anteriormente:

- **Pneumatóforos**. También llamadas raíces respiratoiras. Son raíces que crecen hacia la superficie y cuya misión es la de captar aire en las plantas que viven en lugares pantanosos.

- **Haustorios**. Son raíces adaptadas a introducirse dentro de tejidos de otras plantas; las tienen plantas parásitas como el muérdago.

- **Raíces caulenógenas**. Se trata de raíces que surgen de tallos y hojas; también se conocen como **raíces adventicias**.

- **Raíces napiformes**. Son raíces muy gruesas debido a que se utilizan como almacén de sustancias de reserva.

- **Vástagos radicales.** Se trata de tallos que surgen de las raíces y crecen hacia la superficie.

- **Tubérculos**. Son similares a los originados por el tallo, pero de origen más bien radicular.

Como hemos visto, el cormo es una estructura que permite una gran versatilidad de formas y funciones en los cormófitos.

Al igual que pasaba en el tallo, las raíces también disponen de dos tejidos meristemáticos, el cambium y el felógeno, que permiten el crecimiento de la raíz en grosor.

3. FISIOLOGÍA DE LAS ESTRUCTURAS VEGETATIVAS

En este apartado vamos a ver algunos de los aspectos más importantes de la fisiología de las plantas, como la absorción y transporte de agua y sales minerales, la fotosíntesis o la transpiración.

3.1. Absorción de agua

Las plantas necesitan captar agua del suelo para llevar a cabo la fotosíntesis y el transporte de sales. Lo que se absorbe es agua capilar, que se encuentra entre las partículas del terreno. Esto se lleva a cabo en las raíces y, más concretamente, en la zona de *pelos radiculares* que se encuentra en las zonas jóvenes de las raíces.

La succión de agua del terreno se produce por varios procesos unidos:

-   la más importante es la presión osmótica de las células, que es mayor que la presión osmótica del terreno, lo que hace que entre agua hacia las raíces.

-   la presencia de *acuaporinas*, que son unas estructuras que ayudan a incorporar agua.

-   la tensión creada por la transpiración de agua también favorece la absorción de agua.

Una vez absorbida, el agua es transportada por las tráqueas y traqueidas del xilema hacia las hojas. Tradicionalmente, este transporte en contra de la gravedad se viene explicando por la acción de tres procesos que actúan a la vez:

-   la *presión hídrica* causada por la entrada de agua que empuja hacia arriba la que ya está dentro.

-   la *capilaridad del agua*, que se adhiere a las estrechas paredes de los vasos conductores.

-   la *transpiración* crea una tensión que, ayudada por al gran cohesión que presenta el agua, permite "succionar" agua de las partes bajas de la planta.

Por medio de estos tres procesos se crea un **gradiente de presión hidrostática** entre las hojas y las raíces y entre la planta, en general, y la atmósfera, que permite la subida de agua.

3.2. Absorción de nutrientes

Las plantas necesitan obtener sales minerales que utilizarán como materia prima de muchos compuestos. En el suelo se encuentran gran cantidad de iones adsorbidos a las partículas del terreno; esto se conoce como *complejo de intercambio iónico*.

Los pelos radiculares absorben estos minerales *vía simplasto*, es decir incorporándolos dentro de las células de la raíz bien sea por difusión o por transporte activo. De aquí pasan al xilema y luego al resto de la planta.

3.3. Transporte de savia elaborada

La savia elaborada, al contrario de la bruta, ha de ir las hojas al resto de la planta, incluidas las raíces. Ésta circula por el floema, que está formado por pequeñas células vivas separadas entre sí por una especie de cribas que ha de atravesar la savia.

El movimiento de la savia en estos vasos se hace simplemente por diferencia de concentración, también llamado *gradiente osmótico*, siendo mayor en las hojas, donde tiene lugar la fotosíntesis, y menor en el resto de partes no fotosintéticas.

3.4. Fotosíntesis

La fotosíntesis es una reacción propia de las plantas, que consiste en la elaboración de compuestos orgánicos, como es la glucosa, a partir de inorgánicos, como es el dióxido de carbono y sales minerales, con aporte de energía solar. Consta de dos fases: una *fase lumínica*, que tiene lugar con presencia de luz y en la que se produce NADPH y ATP, y otra *fase oscura*, que tiene lugar sin necesidad de luz, y en la que se produce glucosa. [Para más detalle sobre la fotosíntesis ver el tema 28].

3.5. Transpiración

La transpiración, más frecuentemente llamada **evapotranspiración**, es un proceso esencial en las plantas, pues genera un gradiente hídrico que permite la subida de nutrientes hasta las hojas, incluso a las que se encuentran a grandes alturas. Este proceso se basa en la diferencia de concentración de agua en la atmósfera y en las plantas. Éstas disponen de métodos para incrementar esta diferencia.

La evapotranspiración se da en dos partes: la primera consiste en la evaporación del agua de las células del mesófilo a los espacios aéreos que existen dentro de la célula; la segunda, consiste en la difusión del agua desde los espacio aéreos hasta la atmósfera por medio de los **estomas**.

Los estomas son unas estructuras formadas por unas células que se abren y se cierran, regulando así la evapotranspiración de la planta. En términos generales, se abren de día, cuando tiene lugar la fotosíntesis, y se cierran de noche, para evitar la pérdida de agua innecesaria.

3.6. Hormonas vegetales

Finalmente, y para acabar la fisiología de las estructuras vegetativas, haremos una pequeña mención a las hormonas vegetales, que regulan ciertos procesos en las plantas.

Estas hormonas se producen en diversas partes de la planta, sin diferenciación específica, y permiten aspectos como el crecimiento y la diferenciación celular. Las más importantes son:

- **Auxinas**. Son hormonas que se producen en ápices en crecimiento, semillas y frutos. Permite la elongación de la planta, evita la senescencia y la maduración de los frutos, se encarga de los tropismos y favorece la síntesis de etileno.

- **Giberelinas**. Estas hormonas se generan en tejidos en crecimiento como tallos, raíces, hojas, flores y semillas. Favorece el crecimiento y la floración, rejuvenece tejidos y evita la senescencia.

- **Citoquininas**. Son hormonas que se sintetizan en el ápice de la raíz. Aumenta la división celular en raíz, rompe el letargo, retarda el envejecimiento y permite la floración.

- **Ácido abscísico o ABA**. Esta hormona se produce en todos los órganos. Enlentece el crecimiento y la abscisión, aumenta el envejecimiento y retarda la germinación.

- **Etileno**. Es una hormona gaseosa. Provoca el geotropismo y la abscisión; también influye en la maduración de los frutos, la inducción de raíces o la exudación de productos.

4. MORFOLOGÍA DE LAS ESTRUCTURAS REPRODUCTORAS

La estructura reproductora por excelencia en las plantas es la **flor**. No obstante, no todas los cormófitos disponen de flores, pues las gimnospermas y otros cormófitos inferiores no disponen de flores verdaderas, por no tener los óvulos protegidos totalmente por un ovario. A pesar de ello, todos estos cormófitos disponen de estructuras que serán la base de las flores de las *fanerógamas*.

Las flores son tallos de crecimiento limitado compuestas por **antofilas**, o flores de los tallos. Éstas pueden ser de dos tipos: **esporofilas**, u "hojas portadoras de esporangios", u hojas que forman parte del **perianto**, o parte estéril de la flor.

Evolutivamente, las microsporofilas de los pteridofitos darán lugar a los **estambres**, que contendrán a los microsporangios o **sacos polínicos**, de los cuales saldrán las micrósporas o **polen**, que dará lugar al microgametófito o **células espermáticas**. De la misma manera, las megasporofilas darán lugar a los **carpelos** de las fanerógamas; éstos protegen al megasporangio o **nucela**, que dará lugar a las megásporas de las cuales surgirá el macrogametófito u **ovocélula**. La ovocélula, junto a tegumentos protectores, forma el **primordio seminal**, el cual será fecundado por las células espermáticas masculinas. Como hemos visto, mientras que en las estructuras masculinas se diferencian aún bastante bien las partes primitivas de la flor, en las femeninas son más difíciles de distinguir unas de otras.

Las piezas florales se disponen en verticilos, que se pueden agrupar en tres. El primero que encontramos es el *perianto*, que está formado por hojas estériles; A continuación vienen las estructuras masculinas, que forman el **androceo**. Finalmente, en la parte superior (o central) encontramos el **gineceo**, formado por las piezas femeninas.

El *perianto* está compuesto por el **cáliz**, que contiene el conjunto de **sépalos**, normalmente de color verdoso, y la **corola**, que contiene el conjunto de **pétalos**, de diversos colores. Tanto los sépalos como los pétalos pueden estar libres o soldados entre sí, y pueden presentar diversas modificaciones. Según la presencia o no de estas estructuras, las flores se pueden clasificar en **aclamídeas**, si no tienen ni pétalos ni sépalos, **monoclamídeas**, si sólo presentan una de las dos estructuras, **homoclamídeas**, si presentan las dos pero éstas son iguales entre sí, o **heteroclamídeas**, si presenta las dos y son diferentes.

El *androceo* está formado por los estambres, que pueden llegar a presentar una gran diversidad. Un estambre típico presenta una **antera**, que está compuesta a su vez por dos **tecas**, dentro de las cuales se hallan los sacos polínicos que formarán el polen, como hemos visto. La antera está unida a la flor por un **filamento**. Los estambres pueden modificarse y dar lugar a estambres estériles, llamados **estaminodios**, pétalos u **nectarios**, que producen jugos dulces para atraer a animales polinizadores.

El *gineceo* está compuesto por el **pistilo**, que es una estructura con forma de botella formada por el **ovario**, en la parte inferior y que contiene en su interior los primordios seminales, el **estilo**, el cuello de la botella, y el **estigma**, donde se posarán los granos de polen. El estilo está formado por un conjunto de carpelos soldados entre sí, en las angiospermas, o no, como ocurre en las gimnospermas.

Según tengan uno u otro, las flores pueden ser **hermafroditas**, si contienen las dos estructuras, o bien **unisexuales**, si hay flores masculinas y femeninas. Si estas flores se encuentran en la misma planta, la especie será **dioica**, mientras que si se encuentran en individuos diferentes, será **monoica**.

Las flores también se pueden clasificar según las formas de simetría que presenten. Así, encontramos flores *irregulares* (sin simetría), *zigomorfas* (con un plano de simetría), *bilaterales* (dos planos de simetría) o *actinomorfas* (más de dos planos de simetría. Estas características se han utilizado para distinguir a los grandes grupos de plantas.

En la evolución de las plantas, éstas tienden a reducir tanto el tamaño de flores como el número de piezas que éstas presentan. No obstante, cuando quieren volver a disponer de flores grandes (que pueden facilitar la polinización, por ejemplo), lo han de hacer de otra forma. Así, esto lo consiguen agrupando las flores y formando **inflorescencias**. Éstas pueden tener diferentes formas y tipos de crecimiento; además, pueden llegar a dar nombre a familias enteras como son las *compuestas* o las *umbelíferas*.

5. FISIOLOGÍA DE LAS ESTRUCTURAS REPRODUCTORAS

La función principal de las flores es la reproducción de las plantas. En un primer paso, las flores han de ser fecundadas y, posteriormente, éstas formarán un fruto que facilitará su dispersión.

5.1. La fecundación

La fecundación en cormófitos es compleja. En términos generales, consiste en la unión de una célula espermática masculina y una ovocélula femenina, pero también implica otros procesos, como veremos a continuación. Por otro lado, la fecundación es diferente en gimnospermas que en angiospermas.

En gimnospermas, la polinización se lleva a cabo por el viento. Para ello, el polen dispone de unas vesículas aeríferas que le permite llegar hasta la cámara polínica de los primordios seminales. Una vez allí, el grano de polen germina y da lugar a dos células, una *célula vegetativa* y una *célula espermática*, que formarán el tubo polínico que será lo que fecundará la oosfera. Como resultado se formará el cigoto que dará lugar al embrión. Una vez fecundado, el primordio sufre una serie de transformaciones encaminadas a formar tejidos de reserva para la semilla.

En *angiospermas*, este proceso se hace más complejo aún. Por una parte, el polen puede viajar hacia las células femeninas no sólo transportado por el aire (*anemofilia*), sino también por otros muchos medios como animales (*zoofilia*) o el agua (*hidrofilia*). Cuando llega al estilo, el grano de polen germina y forma una célula vegetativa, que formará el tubo polínico, y *dos* células espermáticas. Una de estas células espermáticas fecundará la ovocélula y formará el cigoto, mientras que la otra se unirá a una célula diploide del primordio y formará un tejido especial de reserva triploide llamado **endosperma secundario**. Este tejido se une como tejido de reserva a los que se forman como transformación del primordio, y que ya poseían las gimnospermas, pero solamente lo hace cuando se produce la fecundación. Esta estrategia permite ahorrar energía, pues los tejidos de reserva solamente se generan cuando se produce la fecundación.

5.2. El fruto

El fruto, en términos estrictos, es una estructura típica de las angiospermas aunque, por extensión, también se le llame a las estructuras reproductivas de las angiospermas y otras plantas inferiores.

Su función es servir como protección de las semillas y de transporte de éstas. Es un mecanismo, digamos, que facilita la dispersión de las semillas hacia lugares lejanos a donde se encuentra la planta madre, y para ello puede disponer de estructuras especiales que facilitan esta dispersión.

El fruto está formado por una o más semillas, que contienen los embriones de las nuevas plantas, recubiertas por el ovario, y a veces también otras partes de la planta, que ha sido modificado tanto en color, composición, tamaño, etc. Las semillas están en un estado de dormición o latencia, y solamente germinará tras un estímulo externo como la luz, humedad, frío o calor, dependiendo de las especies.

En un fruto genérico podemos distinguir tres partes que, de fuera a dentro son: **epicarpo**, **mesocarpo** y **endocarpo**. Todas ellas, en conjunto, se llaman **pericarpo**. Según cómo sean estas capas los frutos se pueden clasificar de distintas formas: en *secos o carnosos*, *dehiscentes* (si se abren) o *indehiscentes*, *monocarpelares* (si están formados por un solo carpelo) o *pluricarpelares*, etc.

La dispersión del fruto también es muy característica en las angiospermas, dándose numerosos casos de *coevolución* entre ciertas especies de animales y plantas. Así, hablamos de:

- **Anemocoria**. El aire actúa como medio de transporte. Las plantas fabrican estructuras voladoras en las semillas y éstas pueden volar, planear o rodar por el suelo cuando hace viento.

- **Hidrocoria**. Algunas semillas son transportadas por el agua, como es el caso de los cocos.
- **Zoocoria**. Los animales actúan de transportadores, pueden transportar los frutos en su superficie, hablando entonces de **epizoocoria**, o bien en su interior, **endozoocoria**. Dependiendo del tipo de animal que haga de medio, se habla de *ornitocoria* (aves), *mirmecocoria* (hormigas), *entomocoria* (insectos) e, incluso, de *antropocoria*, cuando nos referimos a plantas transportadas por el hombre a los lugares por donde pasa.

- **Autocoria**. Algunas plantas generan mecanismos propios para dispersar a las semillas. Así, encontramos casos como *Ecbalium*, una especie rastrera que dispara las semillas una vez maduras, *Arachis*, el cacahuete, que entierra las semillas una vez han madurado en el medio aéreo o *Cymbalaria*, una planta que vive en los muros y paredes verticales, que esconde las semillas en los huecos de roca que encuentra.

Una vez ha llegado al lugar de destino y las condiciones son las apropiadas, la semilla germina. La germinación puede ser *hipogea*, si los cotiledones no salen del suelo, o bien *epigea* en caso contrario. El primer paso que se da en la imbición de agua hacia el interior de la semilla. Seguidamente, las reservas almacenadas se movilizan y se comienzan a transformar en energía. Finalmente, se produce la rotura y emersión de la plántula.

6. CONCLUSIÓN

Como hemos podido ir viendo a lo largo de este tema, el estudio de las plantas es muy complejo. Hemos podido ver algunas de las estructuras vegetativas y reproductoras más importantes que poseen, así como las principales funciones que desempeñan.

Esto tiene un gran valor aplicado, pues nos hace entender, por un lado, cómo son y cómo funcionan y, por otro, cuáles son las posibles razones evolutivas que han dado lugar a estas formas y estructuras.

Por otro lado, su mejor estudio y comprensión nos predispone a generar unas estructuras positivas hacia este grupo de seres vivos, que han sido fruto de un largo proceso evolutivo.

Bibliografía útil:

BARNES, S. y CURTIS, E. (2006) "Biología", 6ª edición. Ed. Panamericana.

IZCO SEVILLANO, J. (2004) "Botánica", Ed. McGraw-Hill.

STRASBURGER, E. y otros (2004) "Tratado de botánica", Ed. Omega.

También puede ayudar cualquier guía de plantas de la Península.

TEMA 39

LA AGRICULTURA EN ESPAÑA. EL IMPACTO AMBIENTAL DE LA SOBREEXPLOTACIÓN.NUEVAS ALTERNATIVAS PARA LA OBTENCIÓN DE RECURSOS ALIMENTARIOS

0. INTRODUCCIÓN

En este tema vamos a estudiar cómo está la agricultura en nuestro país. Veremos aspectos, además, relacionados con las alteraciones que produce esta práctica en el medio natural y, como alternativa a ello, las nuevas técnicas y posibilidades que se ofrecen para la obtención de nuevos recursos alimentarios.

Tratar de la agricultura y de los nuevos avances que se producen en este campo nos llevaría a escribir muchas páginas, pues es un tema muy candente hoy día, y al cual se le dedican grandes cantidades de dinero. Por ello, vamos a intentar resumir los aspectos más relevantes en el espacio y tiempo de que disponemos, intentando tratar los puntos más relevantes de cada apartado.

Profundizar en este conocimiento de la botánica aplicada es muy interesante para poder comprender un poco mejor cómo funciona todo el sistema natural, y cómo se le puede sacar el máximo provecho alterando lo mínimo posible el medio natural. La concienciación social, por otro lado, es una actitud que permite conseguir objetivos que van más allá de la mera técnica.

Para la exposición de este tema seguiré el siguiente orden... (es muy conveniente exponer con claridad, aquí al principio, el orden que se va a seguir, leer el índice de una forma ágil)

1. LA AGRICULTURA EN ESPAÑA

España es un país con unas características medioambientales muy peculiares, que han dado origen a un tipo de agricultura muy especial y variada. Vamos a ver, a continuación, algunos aspectos del proceso histórico que han contribuido a establecer los paisajes agrícolas que encontramos hoy día y, posteriormente, cómo han quedado estos distribuidos en la actualidad.

1.1. Historia de la agricultura española

El origen de la agricultura hemos de situarlo en el Neolítico, hace unos 8.000 – 10.000 años, en Oriente Medio. En este momento, el hombre pasa de ser cazador y recolector, a ser agricultor y ganadero. De estas zonas, este modo de vida se va extendiendo hacia África, Asia y Europa.

En España, la agricultura entró por el norte y por la costa sur de mano de fenicios, griegos y cartagineses, durante el primer milenio antes de Cristo. Éstos introdujeron la *vid*, el *olivo* y cereales como el *trigo*. Anteriormente, los habitantes de la península ya eran ganaderos. A partir de aquí, se construye una economía basada en la agricultura y la ganadería.

Durante la dominación romana, se adoptaron nuevas técnicas de laboreo y riego. Más tarde, los árabes introducen nuevos cultivos de Oriente como el azúcar o el arroz, así como innovaciones en el campo del regadío.

En los siglos XI al XIII, se introducen las leguminosas en la península y comienza la explotación de los bosques, que llega hasta nuestros días.

Posteriormente, desde la reconquista hasta nuestros días, se dan pocos cambios en el campo español, a excepción del nacimiento de la agricultura intensiva que llega con la revolución industrial, así como la introducción de nuevos cultivos procedentes de América como el maíz, la patata y algunas especies forrajeras.

Ya en el siglo XX, y con la llegada de las guerras, el campo español sufre una serie de avances y retrocesos que modelarán el modelo agrícola actual de la Península.

1.2. La agricultura española en la actualidad

En el paisaje agrario español influyen dos factores muy importantes:

- **Factores naturales**. Tales como el clima, el suelo, la orografía o la vegetación autóctona.

- **Factores humanos**. Como es el proceso histórico, que ya hemos visto, el modelo económico o la estructura social, que influye, todo ello, en las técnicas y cultivos utilizados, así como en la forma de explatación.

Estas características dan lugar a una *estructura agrícola española* que tiene tres puntos clave:

- **La población**. Es muy alta, en comparación con la escasa rentabilidad de la tierra.

- **La tierra**. El terreno no favorece, en general, la agricultura, pues existen muchas zonas con relieve accidentado, lo que da lugar a una discontinuidad agraria, suelos pobre y poco profundos, una gran altitud media y lluvias escasas e irregulares, además de una gran variabilidad térmica entre estaciones.

- **El capital**. Por otro lado, las inversiones que se dedican a la agricultura son escasas y, en términos generales, con poca planificación por parte del estado.

Si nos centramos ahora en el *paisaje agrario* español, podemos distinguir en él dos grandes tipos:

- Un **paisaje disperso**, con pequeños campos distribuidos con cierto y separados por pequeñas remesas de vegetación autóctona. Esto lo encontramos, por ejemplo, en *Galicia*, con cultivos como la patata, el maíz, la vid o los forrajes, la *Cornisa cantábrica*, con una agricultura más bien pobre y de uso básicamente familiar, y la *huerta de Valencia y Murcia*, con regadíos heredados de la época musulmana.

- Un **paisaje concentrado**, con grandes extensiones de cultivos que permiten su cultivo y recolección utilizando técnicas de laboreo extensivas. Así, como más representativos, encontramos zonas como la *Meseta norte*, con grandes cultivos extensivos de cereales, la *dehesa de Salamanca y Extremadura*, con encinares usados como pasto de vacuno y porcino, la *zona de Aragón*, con cultivos variados de vid, patata, maíz, frutales y hortalizas, *la Mancha*, donde abunda la vid y los cereales, el *Valle del Guadalquivir*, con olivo y cereales y, finalmente, la *zona de Almería*, donde han proliferado los cultivos en invernadero.

Respecto a los *cultivos* más utilizados en España, destacamos:

- **Cereales**. Son los más abundantes. Suponen, aproximadamente un 60% de la tierra cultivada, aunque solamente el 27% de la producción total. Esta desproporción se debe a que las tierras donde se cultivan son de bajo rendimiento. Los más utilizados son el trigo, cebada, maíz, arroz, centeno y avena.

- **Leguminosas**. Suponen una fuente importante de proteínas, equiparable a las presentes en las carnes. Pueden ser cultivos de secano o regadío, dependiendo de las especies y de las zonas donde se cultiven. Son los garbanzos, lentejas, judías, habas, guisantes, algarrobas...

- **Cultivos de huerta**. Estos cultivos ocupan alrededor del 8% de la superficie labrada, pero suponen el 50% de la producción agrícola total, ya que se suelen encontrar en terrenos muy fértiles. Algunos de ellos son la patata, el tomate, cebolla, lechuga, alcachofas, acelgas, espinacas...

- **Frutales**. Estos cultivos también son muy productivos (17% de la producción agrícola) con respecto a la superficie total que ocupan (3,5%). Por su rentabilidad (costes-beneficios), es el sector agrícola más productivo. Entre ellos encontramos los cítricos (naranja y limón), frutales de hueso (melocotón, ciruela), frutales de pepita (manzana, pera) y el plátano.

- **Vid**. Ocupa grandes extensiones, sobre todo en el centro peninsular, pero con un rendimiento muy bajo. Ahora bien, llega a generar productos de alta calidad, valorados internacionalmente.

- **Olivo**. Este cultivo se suele hallar en zonas secas y calurosas, donde se adapta muy bien y llega a tener una producción copiosa. Es muy frecuente encontrar grandes extensiones de olivos, sobre todo, en provincias como Jaén, Córdoba o Sevilla.

- También hay **otros** cultivos menos importantes, aunque localmente pueden llegar a tener cierta relevancia. Algunos de éstos son el azúcar, el algodón o el tabaco.

Estos cultivos se pueden agrupar en tres grandes sectores de producción agraria como son:

- **Monocultivos de grandes llanuras**. En España abundan los grandes cultivos de cereales, vid y olivo, sobre todo en las zonas de Castilla y Andalucía.

- **Policultivos de secano**. Se trata de cultivos de pequeño tamaño debido a la irregularidad del terreno. Son típicos de zonas cercanas a la costa, y en ellos sobresalen especies como el olivo, la vid, cereales o almendros.

- **Regadío**. Se trata de cultivos que tienen una gran demanda de agua, como las hortalizas, cítricos o leguminosas. Se encuentran, sobre todo, en la zona de Valencia y Murcia.

Hasta ahora, hemos estado haciendo referencia a los cultivos peninsulares. No obstante, esto mismo se puede aplicar a las Baleares. En cambio, las Islas Canarias, por su posición más meridional, gozan de unas condiciones climáticas mucho más cálidas y de un suelo volcánico rico en nutrientes. Todas estas características posibilitan algunos cultivos de carácter más bien tropical como pueden ser las plantaciones de plátanos, u otros más típicos como la vida, cítricos o frutales.

2. EL IMPACTO AMBIENTAL DE LA SOBREEXPLOTACIÓN

Las actividades agrícolas y ganaderas llevadas a cabo por el hombre pueden generar un impacto negativo sobre el medio natural si no se realizan de una manera adecuada. Para ello, es necesario tener en cuenta la dinámica tanto de lo que se quiere cultivar, como la de las condiciones naturales propias de la zona donde se va a llevar a cabo esa actividad.

Por lo general, agricultura que se practica en nuestros días es de carácter intensivo, buscando la máxima productividad y la explotación máxima del suelo. Esto genera una serie de impactos como los que veremos a continuación.

2.1. La contaminación

La contaminación puede ser causada por la acumulación de productos tóxicos o de nutrientes, tanto en el aire, como en el agua y los suelos. Las actividades agrícolas pueden contribuir a ello.

Así, la contaminación puede producirse por la utilización en **exceso de abonos**. Éstos son, principalmente, nitratos y fosfatos, que se utilizan en agricultura para incrementar la producción. Los nutrientes que no han sido incorporados por las plantas son lavados por el agua de lluvia o de riego hacia niveles freáticos inferiores, ríos y lagos. Allí, estos nutrientes generan un proceso de **eutrofización**, pues facilitan la proliferación de algas, que luego se descomponen, consumiendo el oxígeno del agua y generando condiciones anóxicas, que acaban matando la fauna y flora locales.

La gravedad de este proceso, no obstante, depende de la cantidad de nutrientes excedentes que haya, de la dinámica de las aguas, de la capacidad de reciclaje de éstas, etc. Estos compuestos, no obstante, no suelen llegar a ser peligrosos (tóxicos) por sí solos.

Otro tipo de contaminación puede darse por la utilización de **productos tóxicos** en agricultura. Aquí abría que incluir productos como los gases de combustión (CO_2, CO, SO_2, etc.) procedentes de la maquinaria agrícola. Estos podrían influir, incluso, en las mismas plantaciones que se cultivan, aunque esta afección no suele ser muy importante, al menos, a escala local.

Mucho más problemático es la utilización de **pesticidas**, que se vienen utilizando en los cultivos para evitar plagas de hongos (*fungicidas*), insectos (*insecticidas*) u otras plantas (*herbicidas*). Estos productos pueden producir desequilibrios ecológicos en las poblaciones naturales e, incluso, el envenenamiento del ganado o de las mismas personas. En ocasiones, la eliminación de plantas o insectos no deseados en los cultivos puede dar paso a la aparición de especies oportunistas que pueden ocasionar efectos más devastadores que las especies que había inicialmente.

Hoy día, sabemos de efectos provocados por compuestos, como el famoso DDT, que han sido utilizados en el pasado como la panacea contra las especies no deseadas en los cultivos. Años después, se han visto los efectos producidos por estos productos, como la eliminación de abejas, intoxicación de aves, disminución de la resistencia de la cáscara de los huevos, etc.

2.2. La agricultura intensiva

Al principio, los cultivos ocupaban pequeñas extensiones y estaban limitados por la misma vegetación autóctona. Con el tiempo, estos cultivos se fueron uniendo para facilitar el laboreo, la siembra y la recolección.

Esta práctica genera problemas como la *eliminación de ecosistemas naturales*, que se sustituyen por nuevos cultivos más eficaces y eficaces. Esto conllevará a la sobreexplotación y contaminación de estas áreas e impiden, por otro lado, la autorrecuperación de ecosistemas naturales. La utilización de abonos artificiales, herbicidas, insecticidas y la alta mecanización contribuyen también al desgaste de estas zonas.

Por otro lado, la presencia de cultivos permanentes, sin periodos de barbecho, lleva al agotamiento de nutrientes, lixiviación de éstos y, finalmente, procesos erosivos y contaminantes. También se elimina el humus que retiene nutrientes y se favorece, indirectamente, la aparición de poblaciones de malas hierbas, muchas de ellas prácticamente inexistentes hasta el momento.

2.3. La silvicultura

El cultivo de árboles es una práctica que no tiene actualmente un gran auge en nuestro país, pero en algunas zonas, por las condiciones favorables que se en ellas se dan, sigue teniendo una cierta importancia.

Tradicionalmente y ante la necesidad de madera, se ha recurrido a las poblaciones madereras naturales. Esto, no obstante, llevó a su agotamiento, que ha sido irreversible en algunos lugares. La tala también se ha llevado a cabo en algunos lugares como un medio para crear zonas de pastos y, en otras, la desaparición de bosques ha sido debida a incendios.

Por unas razones u otras, en España se han cultivado especies madereras para abastecer parte de los mercados que demandan esta materia prima. Al principio, sobre todo en la primera mitad del siglo XX, se plantaron especies extranjeras de crecimiento rápido, como el eucalipto. Más tarde, se cambiaron estas especies por otras autóctonas que, aunque de crecimiento más lento, estaban mejor adaptadas a las condiciones climáticas y ecológicas de la península. Así, se comenzaron a cultivar pinos, álamos, castaños, etc. con fines madereros.

Ahora bien, el problema no está en plantar estas especies, sino que éste surge cuando se talan y eliminan. En este momento aparecen problemas como la erosión, la eliminación de otras plantas autóctonas, etc. También, durante su cultivo, se han de hacer labores de campo, lo que implica la construcción de caminos, pistas forestales, aterrazamientos, etc. que sí que alteran la dinámica natural. Además, algunas especies cultivadas, como las coníferas, favorecen la aparición y propagación de incendios forestales, y generan gran cantidad de resina que impide la generación de un sotobosque adecuado.

2.4. La ganadería

La *ganaría intensiva* genera un impacto local importante que, por ser precisamente local, es más fácil de controlar y paliar. Por contra, la gran concentración de residuos que se genera es un grave problema ya que saturan la capacidad de autodepuración del suelo. Además, son un foco de infecciones y de crecimiento de organismos no deseados como moscas, mohos y gusanos.

Por otro lado, encontramos la *ganadería extensiva*. La estabulación del ganado en parcelas cercadas en dehesas o el pastoreo en ciertas zonas, pueden ser beneficiosas en algún momento, pues los animales abonan el terreno con sus excrementos. Pero también pueden resultar un problema pues eliminan la cubierta vegetal y compactan el suelo, procesos ambos que facilitan la alteración y erosión del suelo.

2.5. El problema de la desertización

La desertización puede ser consecuencia del uso de ciertas prácticas agrícolas y ganaderas. Todo proceso que contribuya a la erosión del suelo, contribuirá a generar condiciones más desérticas en éste, o sea, a desertizarlo.

La *erosión*, de por sí, es un proceso natural que contribuye, por otro lado, a la formación de nuevos suelos. El problema viene cuando se ve acelerado por la acción humana. Este proceso viene acelerado, además, por la ciertas prácticas agrícolas y ganaderas, además de por las condiciones climáticas de una zona.

La *mecanización* de las zonas de cultivo también resulta un problema para el suelo, pues lo compacta y disminuye su porosidad, impidiendo el paso del agua, el avance de las raíces, el encharcamiento, etc. Si los arados son muy profundos se rompe, además, el equilibrio de las capas superficiales y se expone una mayor porción a la erosión por el viento y el agua. El labrado en favor de pendiente, por otra parte, también facilita la pérdida de suelo por la acción del agua.

El *exceso de riego* puede ayudar también a la desertización pues, por una parte, lava los nutrientes del suelo y, por otra, puede alterar el equilibrio de éste cuando se acumula.

La *deforestación* es una técnica que puede ayudar de manera muy directa a la desertización. Normalmente, en un primer paso se eliminan zonas arboladas para poner cultivos en su lugar. Posteriormente, también se eliminan zonas de setos naturales, práctica que incrementa el riesgo de erosión del suelo. La deforestación puede tener una mayor importancia cuando se realiza en zonas de pendientes y con una tasa alta de lluvias. Esto puede generar problemas también en otros lugares, pues el sedimento transportado por el agua de escorrentía llega a otras zonas donde tapona poros del suelo impidiendo la filtración del agua, rellena cauces y embalses y los eutrofiza, etc.

3. NUEVAS ALTERNATIVAS PARA LA OBTENCIÓN DE RECURSOS ALIMENTARIOS

Ante la demanda de alimento, los problemas medioambientales generados por la agricultura tradicional y la mayor concienciación ciudadana ante la problemática ambiental que generan estas prácticas, surge la necesidad de buscar fuentes de alimentación alternativas, más productivas y más respetuosas con el medio ambiente.

A parte de las tradicionales fuentes de alimento –agricultura, ganadería y pesca- tradicionales, hoy día se están potenciando nuevas fuentes de alimentación, propiciadas por un cambio de mentalidad más solidaria con el medio ambiente. Vamos a ver algunas de estas principales fuentes de recursos alimentarios alternativos.

3.1. Agricultura biológica

Este nuevo tipo de agricultura se interesa por el funcionamiento de la naturaleza, de las plantas, y elabora sistemas de producción más equilibrados y respetuosos con el medio natural de cada zona en concreto. No solamente busca producir, sino también *cómo producir*, buscando las técnicas y medios más apropiados.

Así, por ejemplo, no utiliza fertilizantes ni pesticidas sintéticos, sino abonos orgánicos, como estiércol animal, algas o polvo de roca, que son poco solubles y se liberan al medio lentamente. Contra los parásitos utiliza más bien métodos preventivos, como puede ser cultivar varios tipos de plantas en lugar de un monocultivo extenso, o bien utilizar parásitos naturales o métodos manuales para eliminarlos.

Las labores de campo son poco profundas y repetidas. Se hacen rotaciones de cultivos más bien largar y la siembra de diferentes especies vegetales para evitar el desgaste de los nutrientes del suelo. Los mismos residuos que se generan se utilizan para realizar compostaje y reutilizarlos como abono en los mismos cultivos. Todo esto entra dentro de un concepto conocido como **protección fitosanitaria integrada**.

Como ventajas de todo esto entramos que los productos son de mayor calidad, se producen con menor cantidad de energía y recursos en general, son más sanos por tener menor cantidad de productos tóxicos y por la integración que se produce entre el sector agrícola y el ganadero, que permite generar fincas más autónomas y autosuficientes. También presenta inconvenientes como es el menor rendimiento de las tierras cultivadas y la menor competitividad con los productos generados mediante otras técnicas.

3.2. Algas

Las algas han sido el punto de mira en los últimos años para generar nuevos productos agrícolas. Su importancia radica en factores como su rápido crecimiento o la capacidad de producir ciertos tipos de fertilizantes.

Por una parte, las algas se han utilizado como *biofertilizantes nitrogenados*, pues tienen la facultad de fijar nitrógeno atmosférico con gran facilidad. Algunas de estas especies son *Nostoc* y *Anabaena*, ambas algas unicelulares. Esta fuente de compuestos nitrogenados es barata y no implica procesos de contaminación en la producción ni en la utilización por las plantas, pues la liberación del nitrógeno se realiza lentamente en el suelo, según las necesidades. Otras algas también pueden producir compuestos como aminoácidos, hidratos de carbono, vitaminas y antibióticos, que se liberan al medio y lo enriquecen.

Por otro lado, dado su alta tasa de crecimiento y facilidad de cultivo, muchas algas son muy aptas para utilizarlas como *alimento*. Desde antiguo se han consumido en Oriente, sobre todo en Japón, donde hay una gran tradición. En Europa del norte también se consumían especies como *Laminaria*, *Porphyra* o *Chondrus*. A nivel mundial, son muy consumidas especies como *Ulva* (lechuga de mar), *Sargassum* o *Laurencia*, y se realizan cultivos de algunas de ellas como *Porphyra* y *Undaria*.

También se utilizan como fuente de alimento para animales y, en general, como fuente de materia orgánica con usos tan diversos como la alimentación o el compost. No se debe olvidar la importancia que las algas han tenido en la medicina natural tradicionalmente, ni el valor que tienen como suplementos alimenticios (de vitaminas, minerales y proteínas).

3.3. Microorganismos

Los microorganismos son también utilizados como fuente de alimento importante, ya sea porque por sí solos constituyen una fuente de alimento importante, ya sea porque producen ciertos productos como el yogurt, el queso, la cerveza o el vino.

Constituyen una fuente importante de proteínas y, por ello, se han cultivado para producir un tipo de proteínas llamadas *proteínas unicelulares*. Este es el caso de levaduras como *Candida* o bacterias fotosintéticas como *Spirulina*, que se han cultivado para enriquecer ciertos productos con materia orgánica, como proteínas o vitaminas.

Actualmente, se utilizan nuevas especies con el fin de mejorar la calidad de los alimentos. Así, se producen vitaminas a partir de especies como *Pseudomonas*, *Ashbya* o *Propionibacterium*; aminoácidos a partir de *Corynebacterium*; o productos utilizados en alimentación para potenciar el sabor como el glutamato, que se produce a partir de especies de *Corynebacterium* y *Brevibacterium*.

3.4. Hongos

Los hongos han adquirido una importancia muy grande en los últimos años ya que, entre otras cosas, generan productos en su metabolismo secundario que mejoran la calidad de los alimentos.

Producen *micoproteínas*, lo que los hace muy interesante para producir proteínas alternativas a las de origen animal. Así, especies como el moho *Fusarium*, se utilizan para producir el **quorn**, que es un producto que tiene un aspecto y contenido proteínico parecido al de la carne.

Por otro lado, los hongos cumplen una segunda función no menos importante que la primera, y es que, al ser organismos descomponedores, pueden utilizar productos de desecho y residuos, como los generados en agricultura o ganadería y reconvertirlos en otros productos de utilidad.

Aquí no podemos olvidar un aspecto tan importante con referente a los hongos como es el cultivo de setas. Desde antiguo existe la práctica de recolectar setas de campos y bosques para consumo, siendo muy apreciados gastronómica y económicamente algunos de ellos. No obstante, estas prácticas tienen poca importancia sobre el consumo humano total, a excepción de, posiblemente, algunos núcleos aislados. Posteriormente, se comenzó una producción más industrial de algunas de estas especies. Esto ofrecía algunas ventajas como es el fácil crecimiento –no se requerían condiciones ni instalaciones muy especiales-, y que permitían, por otro lado, el reciclaje de residuos orgánicos.

Algunas de las especies más cultivadas son el champiñón (*Agaricus bisporus*), la gírgola u orellana (*Pleurotus ostreautus*), que se venden de manera habitual en nuestras tiendas y mercados. Otras, menos conocidas, están siendo introducidas en las dietas poco a poco; algunas de éstas son el shii-take (*Lentinula edodes*) o la seta de chopo (*Agrocybe aegerita*).

4. CONCLUSIÓN

Como conclusión final de este tema, hemos de decir que el tema de la relación del ser humano con el medio ambiente toca aspectos muy complejos y no de fácil solución.

El ejemplo de la evolución de la agricultura en nuestro país es un caso práctico que nos sirve de ejemplo para comprender este fenómeno un poco mejor. Las técnicas agrarias modernas ejercen una presión negativa sobre el medio que nos rodea. De esta manera, se generan impactos ambientales que repercutirán negativamente, al fin y al cabo, sobre el propio ser humano.

Ante este problema, surgen soluciones alternativas que intentan proponer especies vegetales y técnicas de cultivo más respetuosas con el medio pero, al mismo tiempo, que sean competitivas en los mercados.

Bibliografía útil:

BLANCO, E. y otros (2001) "Los bosques ibéricos: una interpretación geobotánica", 2a ed. Barcelona. Ed. Planeta.

GERHARDT, E., VILA, J. y LLIMNOA, X. (2000) "Hongos de España y Europa. Manual de Identificación", Ed. Omega.

INGRAHAM, J.L. y INGRAHAM, C.A. (1998) "Introducción a la microbiología", Ed. Reverté.

IZCO SEVILLANO, J. (2004) "Botánica", Ed. McGraw-Hill.

SMITH, J.E. (2006) "Biotecnología", Zaragoza. Ed. Acribia.

WAINWRIGHT, M. (1992) "An Introduction to fungal biotechnology", Chichester [etc.]: Wiley,

TEMA 40

INVERTEBRADOS NO ARTRÓPODOS: FILA PORÍFEROS, CNIDARIOS, CTENÓFOROS, PLATELMINTOS, NEMÁTODOS, ANÉLIDOS, MOLUSCOS Y EQUINODERMOS. ESPECIES REPRESENTATIVAS DE NUESTRA FAUNA. IMPORTANCIA ECONÓMICA, SANITARIA Y ALIMENTICIA.

0. INTRODUCCIÓN

Este tema que nos abarca ahora, engloba a un gran número de invertebrados, muchos de ellos poco conocidos y estudiados. Vamos, no obstante a hacer una pequeña síntesis de estos grupos, resaltando las características más importantes de cada uno de ellos. Pese a pasar muchas veces desapercibidos a nuestros ojos, muchos de ellos llegan a tener una cierta importancia tanto económica como sanitaria y alimentaria.

Dada esta relevancia, es interesante conocerlos un poco mejor, ver cómo funcionan y dónde viven para después poder explotarlos con fines económicos, o bien combatirlos en caso que lleguen a representar un riesgo para la salud humana.

Para la exposición de este tema seguiré el siguiente orden... (es muy conveniente exponer con claridad, aquí al principio, el orden que se va a seguir, leer el índice de una forma ágil)

1. LOS INVERTEBRADOS

Lo que nosotros llamamos vulgarmente "invertebrados" son, en realidad, un conjunto de filos muy diversos entre ellos pero que presentan una característica común: que no tienen un esqueleto interno óseo con vértebras, o sea, que no son vertebrados. En este tema vamos a estudiar a todos los animales invertebrados, a excepción de los artrópodos, que los dejaremos para otra ocasión.

Los organismos del reino animal, o *metazoos*, se caracterizan por ser eucariotas pluricelulares y presentar verdaderos tejidos, ser heterótrofos y presentar una fase embrionaria que se da después de la fecundación del óvulo y formación del cigoto. En cuanto a formas de vida, se han adaptado a vivir en todos los ambientes (acuáticos, terrestres y aéreos) y pueden llegar a alimentarse prácticamente de cualquier tipo de alimento orgánico (plantas y animales muertos, organismos vivos, etc.).

En términos generales, los invertebrados, están constituido por dos tipos de organismos que se diferencian por el tipo de capas embrionarias que presentan:

- **Diblásticos**. Son animales que tienen solamente dos capas embrionarias: ectodermo y endodermo. Estos son los *poríferos, cnidarios* y *ctenóforos*.

- **Triblásticos**. Estos animales presentan tres capas embrionarias: ectodermo, endodermo y mesodermo. La tercera capa permite la aparición de una nueva estructura, una cavidad interna llamada **celoma**, la cual nos permite dividirlos en tres grandes grupos:

    • Acelomados: no presentan celoma, o sea, que tienen un cuerpo macizo, sin cavidades excepto la cavidad gástrica. En esta situación están los *platelmintos*.

    • Pseudocelomados: son organismos que originariamente no presentaban celoma, pero éste aparece secundariamente. Aquí estudiaremos uno de los varios filos que existen, los *nematodos*.

    • Celomados: estos organismos presentan un celoma verdadero, originado a partir del mesodermo. De este grupo estudiaremos los *anélidos, moluscos* y *equinodermos*; también son celomados, no obstante, los artrópodos y cordados.

A continuación, vamos a ir viendo cada uno de los grupos de invertebrados no artrópodos más importantes. Para no extendernos más de lo necesario, expondremos a modo de esquema las características más importantes de cada uno de ellos.

2. FILO PORÍFEROS

Los poríferos, más conocidos como **esponjas**, son organismos que viven en aguas marinas, aunque también hay algunos de agua dulce. Para caracterizarlos podemos decir:

- son organismos pluricelulares que forman verdaderos tejidos solamente en la base, que se une al sustrato.

- presentan un cuerpo perforado por poros, llamados **ostiolos** y ósculo el mayor de ellos, recorrido por canales y cámaras por donde pasa el agua, de la cual se alimentan.

- algunos tienen simetría radiada, mientras que otros no presentan simetría (son irregulares).

- en la epidermis tienen **pinacocitos** aplanados que recubren el cuerpo. Las cavidades internas están tapizadas por **coanocitos**, que generan corrientes de agua. Entre los pinacocitos y los coanocitos está el **mesohilo**, que es una matriz proteica gelatinosa, con **amebocitos**, que tienen capacidad de transformarse en otros tipos celulares, y elementos esqueléticos.

- tienen un esqueleto de **espículas** cristalizadas, calcáreas o silíceas, sin relación entre ellas, y fibras de colágeno que forman la **espongina**, una sustancia típica de este grupo.

- la digestión se realiza dentro de las células, pues no existe sistema digestivo; la excreción la realizan las células directamente al exterior por excreción. Tampoco tienen sistema nervioso.

- los adultos son sésiles, y viven fijados al sustrato.

- la reproducción puede ser asexual por gemación o por formación de gémulas. También existe reproducción sexual por la unión de óvulos y espermatozoides; las larvas son ciliadas nadadoras y libres, llamada **parenquímula**, que se fijan al sustrato y forman un nuevo individuo.

- estudiando con detalle su estructura interna, se pueden distinguir tres tipos de modelos de cuerpo: *asconoide*, *siconoide* o *leuconoide*. En cada uno de ellos, aumenta progresivamente el número de cavidades internas y, en general, su complejidad.

Las esponjas se clasifican en distintas clases atendiendo, esencialmente, a la naturaleza del esqueleto que tienen, calcáreo o silíceo, y a la forma de las espículas de este esqueleto.

- **Clase Calcáreas**. Presentan espículas calcáreas con tres o cuatro radios.

- **Clase Hexactinélidas**. Estas esponjas tienen espículas silíceas con seis radios, de ahí su nombre.

- **Clase Demosponjas**. Presentan espículas silíceas, pero nunca con seis radios.

- **Clase Esclerosponjas**. Tienen un esqueleto macizo de carbonato cálcico.

3. FILO CNIDARIOS

El filo cnidarios incluye a las medusas y anémonas, que son características de aguas marinas, aunque también existen especies que viven en aguas continentales. Este filo se caracteriza por los siguientes aspectos:

- son diblásticos, con simetría radial o birradial; presentan un eje oral y otro aboral, pero sin cabeza definida.

- presentan dos formas de vida: **pólipo**, que vive anclada al sustrato, y **medusa**, que nada libremente. Los pólipos pueden ser solitarios, como las *anémonas* y las *hidras*, o formar estructuras rígidas y de grandes dimensiones, como los *corales*.

- Son depredadores o filtradores.

- pueden presentar endo y exoesqueleto de componentes quitinosos, calcáreos o proteicos.

- el cuerpo presenta dos capas: epidermis y gastrodermis, con una mesoglea entre ambas, que puede presentar células y tejido conjuntivo.

- la cavidad gastrovascular presenta una única obertura, que actúa como boca y ano. Existen tentáculos extensibles que rodean la región oral.

- presentan **nematocistos**, que son unos orgánulos celulares urticantes, que se encuentran tanto en la epidermis como en la gastrodermis, aunque donde son más abundante es en los tentáculos.

- algunos tienen algo parecido a un plexo nervioso, que es una especie de sistema nervioso difuso, formado por células nerviosas de la epidermis y gastrodermis, conectadas a células musculares, cnidocitos, etc. Nunca existe un sistema nervioso central.

- el sistema muscular está formado por una capa externa de fibras musculares longitudinal en la base de la epidermis, y otra interna circular en la base de la gastrodermis.

- la reproducción puede ser asexual por gemación, sobre todo en los pólipos, o bien sexual por formación de gametos. Como resultado de la reproducción sexual, se forma una **larva plánula**, que nada libremente y acaba fijándose al sustrato. Las especies pueden ser monoicas o dioicas.

El filo cnidarios se clasifica en cuatro clases, según sea su forma de vida, pólipo o medusa, y la importancia de cada una de ellas en su ciclo vital.

- **Clase Hidrozoos**. Estos cnidarios presentan fases de pólipo, medusa o las dos.

- **Clase Antozoos**. Son los corales, en los que sólo existe la fase de pólipo.

- **Clase Escifozoos**. En estos cnidarios generalmente solo existe la fase de medusa; en las que existe la fase de pólipo, ésta es muy reducida. Esta clase incluye las medusas típicas.

- **Clase Cubozoos**. Son medusas tropicales con pocas especies.

4. FILO CTENÓFOROS

Los ctenóforos, pese a formar ellos solos un filo, son organismo poco conocidos y poco abundantes, en general, en las aguas marinas, donde viven. Como veremos, tienen muchas semejanzas con las medusas.

- presentan simetría birradial (es decir, radial más bilateral), debido a la disposición de los tentáculos y de unos canales internos que presentan.

- tienen formas elipsoidales o esféricas, con **peines o paletas natatorias**, dispuestos radialmente.

- solo existen formas individuales; no forman colonias ni tienen fase sedentarias.

- como las medusas, son diblásticos, presentando un ectodermo y un endodermo con una mesoglea compuesta por células dispersas y fibras musculares. La presencia de las células musculares hace pensar en un carácter triblástico de estos organismos.

- no presentan nematocistos, normalmente, y en su lugar existen **coloblastos**, que son unas células adhesivas que sirven para capturar presas.

- el sistema digestivo está formado por la boca, faringe, estómago y canales con poros anales, que sirven de lugar de salida de los residuos tras la digestión.

- tienen un sistema nervioso rudimentario formado por un plexo subepidérmico concentrado bajo las paletas natatorias y alrededor de la boca. También existe un órgano sensorial aboral, llamado **estatocisto**.

- son monoicos, aunque algunas especies son hermafroditas. Las gónadas se sitúan en la pared de los canales digestivos, bajo las paletas. Tras la fecundación, surge una larva llamada **cidipoide**, que es muy similar al adulto.

Los ctenóforos se clasifican en dos clases según tengan o no tentáculos:

- **Cl. Tentaculados.** Con tentáculos.

- **Cl. Desnudos**. Sin tentáculos.

5. FILO PLATELMINTOS

Los platelmintos incluyen a las *tenias*, *fasciolas* y *planarias*, es el primer filo de animales triblásticos que veremos. Son de pequeño tamaño, por lo que muchas veces pasan desapercibidos. Los encontramos tanto en aguas marinas como continentales, y también encontramos entre ellos importantes parásitos. Sus características generales las podríamos resumir en las siguientes:

- son animales triblásticos y acelomados, por lo que no presentarán cavidades internas.

- tienen simetría bilateral, al menos al principio del desarrollo, que lleva asociada una polaridad antero-posterior. Presentan ya órganos y sistemas, que pueden ser más o menos complejos.

- el cuerpo está aplanado dorsiventralmente, y presentan la abertura tanto oral como genital en el parte ventral.

- la epidermis es celular, formada por células individuales, o bien **sincitial**, formada por células que han unido sus citoplasmas, por lo que no se llegan a distinguir unas de otras. Puede ser ciliada o no y, frecuentemente, presentan **rabditos**, que son unas estructuras que segregan una mucosidad protectora.

- presentan un sistema muscular de origen mesodérmico, con fibras circulares, longitudinales y diagonales, que recubren el cuerpo

- tubo digestivo unidireccional (con un único orificio que comunica con el exterior), pero que puede llegar a faltar en algunos grupos.

- sistema nervioso formado por dos ganglios anteriores más dos cordones nerviosos longitudinales con nervios transversales. Presentan órganos sensoriales sencillos, y pueden llegar a tener ojos.

- sistema excretor formado por dos canales laterales con ramas que contienen **células flamígeras** (una especie de protonefridios); estas pueden faltar en algunos grupos.

- no tienen aparato respiratorio, circulatorio ni esquelético, aunque pueden existir una serie de canales linfáticos rudimentarios.

- respecto a la reproducción, muchos son hermafroditas. El sistema reproductor, a diferencia del resto de sistemas, es muy complejo: presenta gónadas, conductos y órganos accesorios. La fecundación suele ser interna. El desarrollo de las larvas, en términos generales, suele ser indirecto en parásitos internos, y directo en los de vida libre.

Podemos destacar tres gran clases:

- **Clase Turbelarios**. Son pequeños y de vida libre. Muy utilizados en investigación por su fácil cultivo y versatilidad.

- **Clase Trematodos**. Son las duelas del hígado, del pulmón y de la sangre. Parásitos internos de animales. Presentan un ciclo reproductivo complejo, que pasa por varios huéspedes.

- **Clase Cestodos**. Son las tenias. Son parásitos internos de animales. No tienen ni respiratorio, ni circulatorio ni digestivo, pero el reproductor está muy desarrollado. Su ciclo vital puede pasar por dos o más huéspedes.

6. FILO NEMÁTODOS

Los nematodos son animales pseudocelomados, en el que el "celoma" aparece de manera secundaria. Tiene un tamaño pequeño y viven libres en el medio o bien dentro de otros animales. Para caracterizarlos, podríamos decir:

- son triblásticos pseudocelomados y presentan simetría bilateral.

- en el interior del cuerpo tienen un **pseudocele**, que es una cavidad que actúa como órgano hidrostático.

- generalmente son organismos pequeños, milimétricos, pero que pueden llegar a medir hasta el metro de longitud. Con aspecto vermiforme.

- están recubiertos por una pared que es una epidermis sincitial cubierta por una cutícula de colágeno engrosada, que se muda cada cierto tiempo, y sin cilios.

- a lo largo del cuerpo se encuentran fibras musculares solamente dispuestas longitudinalmente.

- sistema digestivo formado por una boca, un intestino sin musculatura y ano. También presentan una faringe suctora musculosa. Algunos autores llaman a esto una estructura de "un tubo dentro de un tubo".

- no tienen órganos respiratorios ni circulatorios.

- el sistema excretor está formado por protonefridios más canales excretores.

- sistema nervioso compuesto por un cordón dorsal, un cordón ventral y un anillo periesofágico. También existen órganos de los sentidos como las **papilas sensoriales**, que se concentran alrededor de la cabeza y la cola, los **anfidios** y los **fasmidios**.

- los sexos están separados, siendo la hembra mayor que el macho, generalmente. Ciclo reproductor complejo, con cuatro o cinco fases larvarias en las que se producen mudas de la cutícula en el paso de unas a otras.

- muchos son parásitos internos de animales, aunque también los hay de vida libre.

- como particularidad, presentan una constancia en el número de células y núcleos de su cuerpo, lo que les da un cierto interés en la investigación básica.

El filo nematodo se puede dividir en dos grandes clases:

- **Clase Rhabditea**. Contiene a la lombriz intestinal (*Ascaris lumbricoides*) y a *Caenorhabditis elegans*, que es muy conocido en el mundo de la investigación celular y genética.

- **Clase Enoplea**. Contiene parásitos como la *triquina*.

7. FILO ANÉLIDOS

Es filo contiene a los llamados "gusanos segmentados", que incluyen a las sanguijuelas y las lombrices de tierra y de mar. Presentan un cuerpo dividido en metámeros, en los cuales se van repitiendo ciertas estructuras de sistemas como el nervioso o el excretor. Como principales características destacamos:

- presentan simetría bilateral y el cuerpo está dividido en metámeros.

- tienen una cutícula externa húmeda segregada por un epitelio que se encuentra debajo. A continuación presentan musculatura circular, primero, y longitudinal, a continuación.

- con frecuencia presentan **sedas** quitinosas que sobresalen de la cutícula.

- tienen un celoma bien desarrollado, septado en la mayoría de ellos; el líquido celómico actúa de esqueleto hidrostático.

- el sistema circulatorio es cerrado, segmentario, con pigmentos (hemoglobina y hemeritrina).

- el aparato digestivo está completo y, a diferencia de los otros, no está metamerizado.

- el intercambio de gases se realiza a través de la piel, branquias o unas extensiones del tegumento llamadas **parapodios**.

- sistema excretor con dos nefridios por metámero.

- sistema nervioso con dos cordones nerviosos ventrales, más dos ganglios por metámero con nervios que surgen lateralmente y cerebro rudimentario.

- como órganos táctiles tienen papilas gustativas, fotorreceptores y, algunos, también ojos con lentes y estatocistos.

- pueden ser hermafroditas o no. En algunas especies puede darse una reproducción asexual por gemación. La sexual se lleva a cabo mediante la formación de células masculinas y femeninas. La forma larvaria, si existe, se llama **trocófora**.

Los anélidos se agrupan en tres grandes clases:

- **Clase Poliquetos**. Son las lombrices de mar. Son y presentan el cuerpo cubierto por gran cantidad de sedas quitinosas. Suelen ser organismos filtradores o detritívoros.

- **Clase Oligoquetos**. Son las lombrices de tierra. Aunque también tienen sedas quitinosas por el cuerpo, éstas son menos abundantes y de menor tamaño. Se alimentan del detrito que obtienen del suelo.

- **Clase Hirudineos**. Las sanguijuelas. No presentan sedas en el cuerpo y los metámeros del cuerpo están aún más divididos. Se alimentan de sangre o de restos de otros organismos.

8. FILO MOLUSCOS

El filo de los moluscos incluye una gran cantidad y variedad de especies, que han llegado a adquirir grados de complejidad bastante importantes. Aquí encontramos, por ejemplo, desde organismos simples como las almejas, pasando por babosas y caracolas, hasta llegar a otros bastante complejos como los cefalópodos. Entre los aspectos más relevantes destacamos los siguientes:

- son organismos triblásticos celomados, y no presentan el cuerpo segmentado.

- tienen simetría bilateral, aunque puede haber algunos asimétricos, y suelen tener una cabeza más o menos definida.

- la pared ventral del cuerpo está transformada en un pie muscular, característico de este grupo, y que puede estar muy modificado, aunque su principal función será la de la locomoción.

- la pared dorsal forma el **manto**, que forma la **cavidad del manto**, que aloja a las branquias o los pulmones; además, el manto genera también la **concha**, que puede faltar.

- el epitelio superficial normalmente está ciliado, con abundantes glándulas mucosas y terminaciones nerviosas.

- el celoma se reduce y se limita al pericardio, gónadas y riñones.

- el sistema digestivo está completo, con un órgano raspador llamado rádula. El ano evacua, en la mayoría de los casos, en la cavidad del manto.

- tienen un sistema circulatorio abierto, que puede estar casi cerrado en cefalópodos. El corazón presenta tres cámaras; existen vasos sanguíneos que conducen la sangre a los senos, donde riega a las células de los órganos.

- la respiración se realiza por medio de branquias, pulmones, el manto o, simplemente, a través de la superficie del cuerpo.

- presentan uno o dos riñones (tipo metanefridios), que se encuentran abiertos a la cavidad pericárdica y que desembocan en la cavidad del manto.

- el sistema nervioso está formado por una masa cerebral en la región anterior, de la cual salen varios cordones nerviosos hacia la parte posterior del cuerpo; además, existen pares de nervios que, según en la región donde se encuentren, se les llama *pleurales, cerebrales, pedios o viscerales*. También poseen un *plexo de nervios subepidérmico*.

- los órganos sensoriales que poseen son el del tacto, olfato, gusto, equilibrio y vista, aunque este último puede faltar o ser muy simple. En los cefalópodos, como caso excepcional, los ojos han adquirido un desarrollo sorprendente.

- las especies pueden ser monoicas o dioicas. Las larvas, cuando existen, pueden ser *trocóforas*, como la de los anélidos, o **velígeras**; algunas especies tienen desarrollo directo, por lo que no existen larvas.

En los moluscos distinguimos cinco grandes clases:

- **Clase Monoplacóforos**. Son moluscos muy simples, con una concha que protege la masa visceral.

- **Clase Poliplacóforos**. Estos moluscos tiene la concha dividida en varias placas, de ahí su nombre. Son marinos y viven en el bentos.

- **Clase Gasterópodos**. Son los caracoles y babosas, tanto marinos como terrestres. Son herbívoros y puede carecer de concha.

- **Clase Bivalvos**. Estos moluscos tienen la concha dividida en dos valvas que se cierra sobre sí. Aquí se incluye especies conocidas como mejillones, almejas, ostras, etc. Acuáticos, la mayoría de aguas saladas.

- **Clase Cefalópodos**. Literalmente este nombre significa "pies en la cabeza". Son los pulpos y calamares. Todos marinos y carnívoros.

9. FILO EQUINODERMOS

Los equinodermos incluyen, entre otros, a los erizos y estrellas de mar. Son animales marinos caracterizados por presentar un esqueleto calcáreo y, sobre todo, por tener un sistema propio que les permite realizar funciones como caminar, alimentarse o respirar. Destacamos las principales características:

- son animales triblásticos celomados, con cuerpo sin segmentar y **simetría radial pentámera**. El cuerpo es redondeado o con forma de estrella, con cinco o más áreas radiales.

- no tienen ni cabeza diferenciada ni cerebro, y los órganos de los sentidos son escasos y poco especializados; entre ellos encontramos órganos táctiles, quimiorreceptores, pies ambulacrales, fotorreceptores y estatocistos.

- el sistema nervioso está formado por un anillo que rodea la zona oral, más nervios radiales; además, también pueden tener varios sistemas de redes nerviosas a diferentes profundidades del cuerpo.

- tienen un endoesqueleto formado por **osículos calcáreos dérmicos**, llamados **escleritos**, con espinas calcáreas en la dermis, y recubierto por la epidermis, que está normalmente ciliada y puede tener estructuras especiales llamadas **pedicularios**, que sirven para limpiar el cuerpo.

- como particularidad de este grupo, existe un **aparato acuífero**, también llamado **sistema ambulacral**, de origen celomático, que sobresale de la pared del cuerpo en forma de **podios** o **pies ambulacrales**, y se extienden y contraen por la presión del líquido que contienen. También existe una abertura al exterior de este sistema llamada **madreporito** o **hidroporo**. Las funciones de este sistema son la respiración, movimiento, nutrición y sensorial.

- la locomoción se realiza por medio de los pies ambulacrales, los brazos o por el movimiento de las espinas del cuerpo.

- el aparato digestivo está normalmente completo, aunque puede faltar el ano (como en las ofiuras).

- el celoma en este grupo es muy importante, pues ocupa toda la cavidad perivisceral y el aparato ambulacral.

- el sistema circulatorio, en cambio, está muy reducido y tiene poca importancia, pues gran parte de sus funcione las ha recogido el ambulacral.

- la respiración se realiza por medio de branquias dérmicas, pies ambulacrales, árboles respiratorios (en holoturias) o por sacos especializados, llamados **bursas** (en ofiuras).

- no existen órganos excretores.

- la alimentación suele ser micrófaga, aunque pueden haber también depredadores.

- los sexos están separados, normalmente, y las gónadas suelen tener un gran desarrollo en la época de reproducción; éstas presentan conductos sencillos y sin aparato copulador ni otras estructuras secundarias, pues la fecundación es externa.

- el desarrollo se realiza por medio de larvas de vida libre, que son características de cada grupo. El desarrollo puede ser directo o por medio de metamorfosis.

- muchos equinodermos tienen un gran poder de regeneración, pues son capaces de regenerar el cuerpo entero a partir de una parte de él, como pasa en las estrellas de mar.

Respecto a la clasificación, en los equinodermos encontramos cinco grandes clases:

- **Clase Crinoideos**. Son equinodermos con una coraza rígida que viven en los fondos marinos y tienen forma de cáliz, a veces con prolongaciones muy ramificadas.

- **Clase Holoturoideos**. Son las holoturias, comúnmente llamadas pepinos de mar. Tienen una forma largada, a modo de pepino o salchicha. Viven en los fondos marinos, donde se alimentan y mueven lentamente.

- **Clase Equinoideos**. Los erizos de mar los encontramos prácticamente en todos los fondos del mundo. Presentan una coraza dura cubierta de espinas. Presentan una estructura especial que sirve para alimentarse llamada linterna de Aristóteles.

- **Clase Asteroideos**. Son las estrellas de mar que, al igual que los erizos, son omnipresentes en todo el mundo. Suelen tener forma de estrella, con cinco brazos o múltiplos de cinco.

- **Clase Ofiuroideos**. Las ofiuras, que también presentan una forma estrellada, tiene un cuerpo mucho más duro y rígido debido a que presentan escleritos internos que actúan a modo de esqueleto interno.

10. ESPECIES REPRESENTATIVAS DE NUESTRA FAUNA

Hasta ahora hemos visto las características más importantes de los invertebrados no artrópodos, así como algo sobre su clasificación general. Vamos a destacar, a continuación, algunas de las especies más importantes de nuestra fauna. Las clasificaremos por grupos.

PORÍFEROS

En nuestras aguas viven mucha variedad de esponjas. Algunas de ellas han sido utilizadas desde antiguo por el ser humano, como la *Spongia officinalis*, la típica esponja de baño. Otras esponjas, que tienen escasos nombres comunes, o simplemente no tienen, son *Sycon*, *Leucoselenia*, *Cliona*, *Spongilla*, *Calyx nicaeensis* o *Petrosia*, que es dura.

CNIDARIOS

Los cnidarios son bien conocidos por los bañistas que acercan a nuestras playas. Dentro del grupo genérico llamado "*medusas*", existe una gran variedad de especies muy diversas. Así, podemos encontrar especies como *Physalia physalis,* la calavera portuguesa, *Aurelia aurita*, *Pelagia noctiluca* o *Cotylorhiza tuberculata*.

Los *corales* y las *anémonas* también son también cnidarios, aunque muchas veces no se les asocie con las medusas. Son conocidos, por ejemplo, el coral rojo, *Corallium rubrum*, la gorgonia roja, *Paramuricea clavata*, y también las plumas de mar, *Pteroides sp.*. Las anémonas de nuestras costas pertenecen a las especies *Anemonia sulcata*, *Actinia equina* y *Calliactis parasitica*.

Fianalmente, también pertenecen a este filum algunas especies de agua dulce como las hidras (*Hydra sp.*).

CTENÓFOROS

Como ya hemos comentado, las especies que pertenecen a este filum son poco abundantes y conocidas. Destacamos, no obstante, algunas como el cinturón de Venus, que pertenece al género *Cestum*, *Pleurobranchia* y *Beroe*.

PLATELMINTOS

Este filo incluye especies de vida libre, como la planaria del género *Dugesia*, pero también importantes parásitos como las duelas del hígado, *Fasciola hepatica* y Clonorchis sinensis, o la duela de la sangre, *Schistosoma mansoni*.

Por otro lado, también incluye a las tenias, como la tenia del cerdo, *Taenia solium*, y la tenia del perro, *Echinococcus granulosus*.

NEMATODOS

Entre los nematodos encontramos importantes parásitos como la lombriz intestinal, *Ascaris lumbricoides*, o la triquina del cerdo, *Trichinella spiralis*. También existen especies que han adquirido una importancia muy relevante en los últimos años en estudios de investigación genética; este es el caso del gusano de vida libre *Caenorhabditis elegans*.

ANÉLIDOS

Los anélidos incluyen, como hemos visto, a las lombrices y las sanguijuelas. Las lombrices de tierra pueden ser de varias especies como *Lumbricus terrestris*, *Octalasium sp.*, *Eisenia sp.* o *Tubifex sp.*, que vive en aguas más bien contaminadas. Los anélidos de mar incluye a la lombriz marina, *Arenicola marina*, al ratón de mar, *Aphrodita aculeata*, o a gusanos filtradores como *Nereis diversicolor* o *Spirographis spallanzani*.

La mayoría de sanguijuelas de nuestras aguas dulces pertenecen a la especie *Hirudo medicinalis*, aunque también encontramos otras especies pertenecientes al género *Placobdella*.

MOLUSCOS

Este filum incluye importantes especies de interés económico y social. Entre otras, destacamos especies características de fondos marinos, como el poliplacóforo *Chiton*. Entre los bivalvos podemos nombrar algunas especies como el mejillón (*Mytilus edulis*), la ostra (*Ostrea edulis*), el ostrón (*Crassostea gigas*), la concha de peregrino (*Pecten jacobaeus*), la navaja (*Ensis ensis*), la almeja fina (*Venerupis decussatus*), el berberecho (*Cerastoderma edule*), y un largo etcétera.

Entre los moluscos gasterópodos destacamos el caracol común (*Helix aspersa*), la cabrilla (*Otala punctata*), las babosas, que pertenecen a varios géneros como *Limax* o *Arion*, los nudibranquios, que incluyen numerosas especies de diversas formas y colores, u otra especies marinas comestibles como *Murex sp.* o *Thais sp.*

Finalmente, hemos de nombrar a los cefalópodos, que incluyen especies como el pulpo común (*Octopus vulgaris*), el pulpo almizclero (*Eledone moschata*), el calamar (*Loligo vulgaris*), la sepia (*Sepia officinalis*) o el curioso *Nautilus*.

<u>EQUINODERMOS</u>

Finalmente, en este último grupo encontramos especies conocidas como el erizo de mar, que suelen pertenecer a dos especies diferentes (*Paracenthrotus lividus*, *Arbacia lixula* y *Echinus melo*), las holoturias, del género *Holothuria*, las ofiuras, como *Ophiura ophiura* y *Ophiothrix fragilis*, y las estrellas de mar, que pertenecen a varios géneros como *Asterina*, *Astropecten* o *Marthasterias*.

11. IMPORTANCIA ECONÓMICA, SANITARIA Y ALIMENTARIA

En este último punto del tema, vamos a intentar reflejar la importancia que tienen estos grupos que hemos estudiado en la economía, la sanidad y la alimentación humana.

11.1. Importancia económica

Los invertebrados no artrópodos son muy importantes en materia económica, pues son una fuente importante de materia prima para elaborar ciertos productos y una base alimentaria importante. También se han de tener en cuenta las pérdidas que puedan ocasionar a las cosechas, ganados e infraestructuras que el ser humano ha generado.

Haciendo un repaso de los principales grupos de invertebrados encontramos, en primer lugar, a las esponjas, de las que se obtienen las tradicionales *esponjas de baño*, hoy relegadas al uso farmacéutico.

Las barreras coralinas que llegan a formar con el tiempo algunos tipos de corales pueden tener una cierta importancia económica por los encallamiento que pueden producir a los barcos que navegan por las aguas someras tropicales. Más importancia tienen estas barreras, no obstante, a nivel geológico, por las grandes estructuras que llegan a formar.

De los platelmintos podemos destacar algunas especies utilizadas en investigación, como *Dugesia*, que ha permitido realizar importantes estudios celulares y genéticos. Otras especies, como la tenia de los peces

(*Diphyllobothrium latum*), puede causar estragos en las poblaciones cultivadas de estos animales.

En investigación también se ha utilizado mucho un nematodo, muy conocido en el mundo científico, llamado *Caenorhabditis elegans*, aunque también se han usado otras especies como algunas del género *Ascaris*. La importancia del estudio con estos animales radica en la sencillez de la estructura de sus cuerpos, así como la facilidad de su cultivo y, actualmente, de su fisiología y genética.

Los anélidos también tienen su parte en la economía. En las últimas décadas se han generado industrias basadas en la elaboración de compost a partir de materia orgánica transformada por ciertos tipos de lombrices de tierra. Las lombrices, no obstante, son también muy importantes en la agricultura, pues airean los suelos, lo que aumenta la eficacia de los cultivos.

Los moluscos tienen una gran importancia económica pues generan grandes beneficios pesqueros, como veremos en el apartado de alimentación. No obstante, grupos como los gasterópodos pueden causar también importantes pérdidas en zonas agrícolas. Otros, simplemente por engancharse en sustratos como cascos de barcos, muelles y otras estructuras que se encuentran dentro del mar, pueden alterarlos e impedir su correcto uso. Un caso a destacar es el del mejillón cebra (*Dreissena polymorpha*) que se engancha en conductos de agua de riego, industriales, etc., generando taponamientos y atascos.

11.2. Importancia sanitaria

Muchos invertebrados son importantes fuentes de infecciones, que pueden afectar tanto a las personas como a sus animales. En ocasiones, se producen intercambio de parásitos entre animales de granja y de compañía hacia sus amos y cuidadores.

En los cnidarios encontramos a las medusas, que son organismos que poseen células urticantes que pueden generar problemas en las playas, sobre todo cuando proliferan de forma desmesurada. Algunas, como la calavera portuguesa, pueden llegar a ser mortales.

Respecto a los platelmintos, en este grupo encontramos importantes organismo parásitos del hombre como las duelas de la sangre (*Schistosoma mansoni*) y del hígado (*Faciola hepatica* y *Clonorchis sinensis*), las duelas del pulmón (*Paragonimus*), las tenias (*Taenia saginata* y *T. solium*). Estas especies también pueden albergarse en otros animales, que actúan como reservorios o intermediarios como peces, caracoles, cerdos, perros y gatos). La tenia del perro (*Echinococcus granulosus*), por ejemplo, aunque afecta principalmente a estos animales, pueden formar quistes en el hombre, causándole daños de gravedad diversa, dependiendo del tejido donde crezcan.

En sanidad, también tienen mucha importancia, por las enfermedades que causan, ciertas especies de nematodos. Destacamos algunas que ya hemos mencionado como la lombriz intestinal (*Ascaris lumbricoides*, pero también otras como *Enterobius vermicularis*), la triquina (*Trichinella spiralis*) o las filarias (*Wucheria* y *Brugia*), aunque estas son más importantes en zonas tropicales, produciendo una enfermedad llamada *elefantiasis*.

Los anélidos suelen tener poca importancia en sanidad, pero algunos, como las sanguijuelas, pueden parasitar al ser humano aunque, hoy día, esto ocurre con poca frecuencia.

11.3. Importancia alimentaria

El grupo de los invertebrados son también una importante fuente de alimento, llegando a alcanzar determinadas especies importantes cuantías de dinero. Otros son apreciados por sus gustos en zonas más concretas.

Aquí cabe destacar, sin duda, como grupo más importante a los moluscos. Cada día se ofrecen en las pescaderías gran cantidad y variedad de estos animales, algunos de ellos pudiendo alcanzar precios muy elevados. Cabe destacar a cefalópodos como el pulpo, la sepia o el calamar; bivalvos como el mejillón, almejas, navajas y ostras; y gasterópodos (menos comunes) como la cañadilla, el bígaro o la lapa. En algunas zonas de interior también son apreciados ciertas especies de caracoles.

Los equinodermos también pueden ser consumidos, aunque en menor grado, y su aprecio dependerá de las zonas. Algunas especies consumidas son el erizo de mar y la holoturia.

12. CONCLUSIÓN

Como hemos visto, el mundo de los invertebrados es largo y extenso. Nos hemos podido percatar de la gran variedad que existe tanto en formas como en modos de vida y que, pese a la simplicidad de algunos de ellos, pueden llegar a tener ciclos de vida complejos e influir de manera notoria en la dinámica de algunas poblaciones animales y ecosistemas, en general.

También hemos nombrado algunas de las especies más representativas de nuestra fauna que, muy lejos de sernos familiares y bien conocidas, pasan desapercibidas por su pequeño tamaño. Otras, en cambio, como los moluscos, representan una fuente de alimento muy importante para las poblaciones humanas.

Finalmente, y para acabar, no podemos obviar el valor que tiene el intentar conocerlos un poco mejor, hacerlos más cercanos a muchos coetáneos que, sin saberlo, viven cerca de ellos y con ellos.

Bibliografía útil:

BARNES, S. y CURTIS, E. (2006) "Biología", 6ª edición. Ed. Panamericana.

HICKMAN, C. y otros (2006) "Principios integrales de zoología", 13ª edición. Ed. McGraw-Hill.

OCAÑA, A. y otros (2000) "Guía submarina de invertebrados no artrópodos", 2ª edición. Ed. Comares. Granada.

RUPPERT, E.E. y BARNES, R.D. (1996) "Zoología de los invertebrados", 5ª edición. Ed. McGraw-Hill Interamericana. México D.F.

www.ingramcontent.com/pod-product-compliance
Lightning Source LLC
Chambersburg PA
CBHW070914180526
45168CB00005B/2014